ISBN 978-3-662-27818-5   ISBN 978-3-662-29318-8 (eBook)
DOI 10.1007/978-3-662-29318-8

Herrn Prof. V. Engelhardt
in steter Dankbarkeit

A. Einleitung.

Die Raffination des Kupfers auf elektrolytischem Wege findet seit Jahren ausgedehnte Verwendung im Großbetrieb und hat das hüttenmännische Verfahren größtenteils verdrängt, da das Elektrolytkupfer das Hüttenraffinadkupfer an Reinheit (99,95% gegen 99,6%) weit übertrifft. Die Elektrolyse wird in schwefelsaurer Kupfersulfatlösung ausgeführt und liefert das Kupfer in glatten und dichten Platten. Im Laufe der Jahre ist das elektrolytische Raffinationsverfahren technisch so vervollkommnet worden, daß man es wohl als das beste elektrolytische Verfahren des Großbetriebes ansehen kann.

An Versuchen hat es nicht gefehlt, eine möglichst große Kupfermenge unter dem Aufwande der geringsten Energie abzuschneiden. Ein Weg, diesem Ziel näherzukommen, bietet die Verwendung eines kupferchlorürhaltigen Elektrolyten.

Nach dem Faradayschen Gesetz ist während der Elektrolyse zum Lösen oder Abscheiden eines Metalles für ein Grammäquivalent stets die Elektrizitätsmenge von 96 500 Coulombs oder 96 500 Amperesekunden = 26,8 Amperestunden erforderlich. Da bei der Elektrolyse in Kupfersulfatlösung das Kupferion in der zweiwertigen Form vorliegt — das Atomgewicht des Kupfers ist 63,57 — so werden durch 26,8 Amperestunden 31,785 g Cu oder durch 1 Amperestunde 1,186 g Cu an der Kathode abgeschieden. Arbeitet man hingegen mit einem kupferchlorürhaltigen Elektrolyten, der das Kupfer in der ersten Wertigkeitsstufe gelöst enthält, so wird durch

$$1 \text{ Amperestunde } 2,372 \text{ g Cu}$$

abgeschieden, d. h. die Elektrizitätsmenge zur Abscheidung von Kupfer ist in diesem Falle nur halb so groß als bei der Elektrolyse aus Kupfersulfatlösung. Diese theoretischen Betrachtungen wurden bestätigt durch die Untersuchungen von Matteucci, Bequerel, Pogg, Buff, Quinke und Renault[1]).

Als erster hat Höpfner versucht, die Kupferelektrolyse aus kupferchlorürhaltiger Lösung in den Großbetrieb einzuführen. Nach seinem Verfahren[2]) werden die Erze

---

[1]) Z. Elektrochemie Bd. 2, S. 25.
[2]) Z. Elektrochemie Bd. 5, S. 404, Bd. 8, S. 138 u. 177, D.R.P. 53782.

mit einer Kupferchloridlösung gelaugt, wodurch das Kupfer unter Reduktion des Chlorids zum Chlorür in Lösung geht.

$$2\,CuCl_2 + Cu_2S = 4\,CuCl + S\,.$$

Da aber Cuprochlorid in Wasser schwer löslich ist, so enthält die Lauge Calciumchlorid, welches die Löslichkeit für Kupferchlorür unter Bildung eines Komplexsalzes stark erhöht. In den Bädern wird an der Kathode das Kupfer auf dünnen Kupferblechen niedergeschlagen, an der Graphitanode der Elektrolyt zu Kupferchlorid oxydiert. Da ein Gehalt der Lösung an Kupferchlorid nachteilig auf das Kathodenkupfer wirkt, so ist der Elektrolyt an der Kathode und Anode durch ein Diaphragma aus Pergamentpapier voneinander getrennt. Die zu entkupfernde Lösung durchfließt entweder die Kathoden- oder die Anodenräume. Zum Auslaugen der Erze wird wieder die stark oxydierte Anodenlauge benutzt. Wegen Schwierigkeiten in der Laugerei und der geringen Haltbarkeit der Diaphragmen hat das Verfahren nicht zum Erfolge führen können. Trotzdem Coehn und Lenz[1]) den Hauptmangel des Höpfnerverfahrens dadurch beseitigen, daß sie ohne Diaphragmen arbeiten, hat auch das verbesserte Verfahren keine praktische Anwendung gefunden.

Mehrere Jahre lang ist bei der Canadian Copper Co. ein Verfahren von D. H. Browne[2]) zur elektrolytischen Aufarbeitung von Kupfernickelstein in Betrieb gewesen. Die Kupfernickelerze werden in Konvertern zu einem Stein verblasen, der ungefähr folgende Zusammensetzung hat:

54,3% Cu, 43,1% Ni, Rest S und weniger als 1% Fe.

Er wird teils zu Anoden gegossen, teils zu Schrott verarbeitet. In Türmen wird dieser durch herabrieselnde Kochsalzlauge unter gleichzeitiger Einwirkung von Chlor ausgelaugt.

$$Cu + Cl_2 = CuCl_2$$
$$CuCl_2 + Cu = 2\,CuCl$$
$$Ni + Cl_2 = NiCl_2$$
$$2\,CuCl_2 + Ni = NiCl_2 + 2\,CuCl\,.$$

Die Kupferchlorür und Nickelchlorid enthaltende Lösung fließt dann in die Bäder, deren Anoden aus Kupfernickelstein und deren Kathoden aus dünnem Kupferblech bestehen. Da aber die an der Kathode abgeschiedene Kupfermenge der an der Anode gelösten Menge beider Metalle äquivalent ist, also für ein in Lösung gehendes Kilogramm Nickel 2,16 kg Kupfer aus dem Elektrolyten niedergeschlagen wird, so muß in der Lösung der Kupfergehalt von Bad zu Bad abnehmen, während die Nickelkonzentration ansteigt. Die abfließende Lösung — mehr eine unreine Nickellösung — wird nach dem Ausfällen des Kupfers mit Natriumsulfid noch elektrolytisch auf Nickel verarbeitet. Dieses Verfahren soll so gut gearbeitet haben, daß es teilweise den alten Orfordprozeß verdrängt hatte.

Trotzdem einige Werke nach dem Verfahren von Höpfner und Browne mehrere Jahre lang gearbeitet haben, sind doch keine näheren Einzelheiten darüber in der Literatur bekannt geworden. Selbst die wichtige Frage, wie sich Metalle, die neben Kupfer im Elektrolyten gelöst sind, während der Elektrolyse verhalten, wird nur ganz kurz gestreift. Engelhardt und Hosenfeld haben bereits vor einigen Jahren[3]) auf den großen wirtschaftlichen Vorteil hingewiesen, wenn es gelänge, im

---

[1]) Z. Elektrochemie Bd. 2, S. 25.   [2]) Z. Elektrochemie Bd. 9, S. 392.
[3]) Wissenschaftl. Veröffentlichungen a. d. Siemens-Konzern Bd. 2, S. 449.

kupferchlorürhaltigen Elektrolyten eine Kupferraffination auszuführen. Eine bestimmte Kupfermenge könnte dann mit der halben Elektrizitätsmenge und in der Hälfte der Zeit unter gleichzeitiger Verkleinerung der ganzen Anlage aufgearbeitet werden, als es bislang in Kupfersulfatlösung möglich war.

Vorliegende Arbeit hat nun das Ziel, an der Hand eingehender Untersuchungen ein klares Bild über die Vorgänge bei der Kupferelektrolyse aus kupferchlorürhaltigen Elektrolyten zu bringen.

B. Experimenteller Teil.

Da auf den Verlauf einer Elektrolyse stets die Zusammensetzung des Elektrolyten den weitaus größten Einfluß hat, so ist es wohl zweckmäßig, die Betrachtungen über den Elektrolyten allen anderen Erörterungen voranzustellen.

I. Der Elektrolyt.
a) Die Zusammensetzung.

Im Gegensatz zu Kupfersulfat ist das Kupferchlorür nur wenig in Wasser löslich und wird durch Hydrolyse in das gelbe Cuprohydroxyd und Salzsäure gespalten.

$$CuCl + H_2O = CuOH + HCl.$$

Der Zerfall schreitet aber nach Gröger[1]) noch weiter fort, denn die freigewordene Salzsäure und der Luftsauerstoff wirken auf das Cuprohydroxyd nach der Gleichung ein.
$$4\,CuOH + 8\,HCl + O_2 = 4\,CuCl_2 + 6\,H_2O$$

Durch den Verbrauch der Salzsäure nimmt nach dem Massenwirkungsgesetz die Hydrolyse des Kupferchlorürs beständig zu. Um sie zu vermeiden, muß die Cuprochloridlösung stets schwach sauer sein. Läßt man z. B. eine nur schwach salzsaure Kupferchlorürlösung an der Luft stehen, so bildet sich nach ein bis zwei Tagen auf der Oberfläche der Flüssigkeit eine grüne schmierige Schicht eines basischen Kupferchlorids, für die Proust[1]) die Zusammensetzung $3\,CuO \cdot CuCl_2 \cdot 4\,H_2O$ angibt. Die Acidität ist infolge Oxydation so gering geworden, daß dieses basische Chlorid beständig ist.

Da in verdünnter Salzsäure, z. B. in einer etwa 0,25 n-Salzsäure (0,9 g HCl in 100 ccm) nur geringe Mengen Kupferchlorür löslich sind, so würde eine solche Lösung wegen des geringen Kupfergehaltes niemals für die Elektrolyse geeignet sein. Die Löslichkeit von Cuprochlorid wird aber beträchtlich erhöht bei Gegenwart von Alkali- und Erdalkalichloriden, sowie von größeren Mengen Salzsäure unter Bildung komplexer Salze bzw. Säuren. Mit Chlorkalium und Salzsäure entstehen nach Bodländer und Storbeck[2]) die Verbindungen

$KCuCl_2$ bzw. $HCuCl_2$ bei einer Chlorionenkonzentration bis 0,5 normal

und

K_2CuCl_3 bzw. H_2CuCl_3 bei einer Chlorionenkonzentration über 0,5 normal.

Um auch stets eine genügend große Kupfermenge als Kupferchlorür in Lösung

---

[1]) Gmelin-Kraut, Bd. V 1, S. 892.   [2]) R. Abegg, Handb. d. anorgan. Chemie B. II 1, S. 512.

zu haben, müssen die Chlorid- bzw. Salzsäurekonzentrationen ziemlich hoch sein. Es wurde daher einheitlich für alle Versuche folgende Zusammensetzung gewählt:

Konzentration an Chloriden oder Salzsäure . . . . 3 normal
Konzentration an Salzsäure zur Vermeidung von Hydrolyse . . . . 0,25 normal = 0,9 % HCl,
Konzentration von Kupferchlorür . . . . 0,33 normal = 2,119% Cu.

Nach obigen Angaben muß man die in dieser Lösung enthaltenen komplexen Salze von der Säure H_2CuCl_3 ableiten, da allein diese Verbindungen bei so hoher Chlorionenkonzentration beständig sind.

b) Die analytischen Bestimmungsmethoden des Elektrolyten.

Der Elektrolyt enthält gelöst:

1. Alkali- oder Erdalkalichlorid,
2. Salzsäure,
3. Kupferchlorür,
4. Kupferchlorid, das durch Oxydation des Kupferchlorürs entstanden ist.

Da man bestrebt sein wird, die Menge der einzelnen Bestandteile auf eine schnelle und einfache Art zu ermitteln, so wird man maßanalytischen Bestimmungsmethoden den Vorzug geben.

1. Bestimmung der Chloride.

Allgemein wurde die Bestimmung so ausgeführt, daß man zunächst das Kupfer mit Schwefelwasserstoff fällte und dann das Filtrat auf die Chloride untersuchte. Kochsalz und Chlorkalium wurden als Natrium- und Kaliumsulfat gewogen. Die Bestimmung von Ammoniumchlorid war wesentlich einfacher. Nach der gewöhnlichen Methode wurde der Ammoniak aus der kupferfreien Lösung bzw. direkt aus dem Elektrolyten durch Erhitzen mit einer 30 proz. Natronlauge in Freiheit gesetzt und in einer bestimmten Menge $n/_{10}$-Schwefelsäure absorbiert. Aus dem Verbrauche derselben wurde der Gehalt an Ammoniumchlorid ermittelt.

Die Bestimmung der Erdalkalichloride wurde nach den gebräuchlichen gravimetrischen Methoden ausgeführt. Es wurde daher das Barium als Bariumsulfat und das Magnesium als Magnesiumpyrophosphat gewogen und aus diesen Werten die Menge der gelösten Erdalkalichloride berechnet. In einer Calciumchloridlösung wurde mit Ammonoxalat oxalsaurer Kalk gefällt, der entweder zu Calciumoxyd (CaO) geglüht oder in Schwefelsäure gelöst wurde. In diesem Falle konnte man durch Titration mit Kaliumpermanganat den Calciumchloridgehalt bestimmen.

2. Bestimmung der Salzsäure.

Durch Titration mit Natronlauge ist die Menge der Salzsäure leicht festzustellen. Phenolphthalein ist als Indikator unbrauchbar, da die Rotfärbung erst dann eintritt, wenn bereits das gesamte Kupfer als Hydroxyd gefällt worden ist. Es kommen daher nur solche Indikatoren in Frage, die schon am Neutralpunkt einen Umschlag geben, wie Methylorange und Methylrot. Am besten bewährte sich Methylrot, das in saurer Lösung eine violettrote, in alkalischer eine gelbe Farbe gibt, während es am Neutralpunkt farblos ist.

3. Bestimmung des Kupferchlorids.

Der Gehalt des Elektrolyten an Cuprikupfer wurde nach der jodometrischen Methode ermittelt. Fügt man zu einer Kupferchloridlösung Jodkalium im Überschuß, so wird unter Abscheidung von Cuprojodid (CuJ) Jod in Freiheit gesetzt.

$$2\,CuCl_2 + 4\,KJ = 2\,CuJ + 4\,KCl + J_2.$$

Das Jod wurde mit einer Natriumthiosulfatlösung zurücktitriert. Zu der Probe von 2 ccm Lösung fügte man 10 ccm einer 50 proz. Essigsäure zu. Man erreichte dadurch, daß obige Reaktion momentan verlief, während sie in rein salz- oder schwefelsaurer Lösung nur äußerst langsam vor sich ging.

Bei den Titrationen fiel es auf, daß der Verbrauch an $n/30$-Natriumthiosulfatlösung schwankte. Wie es sich herausstellte, hing es ganz von der Reihenfolge ab, in der die zur Bestimmung erforderlichen Reagenzien hinzugefügt wurden.

Fall 1: Essigsäure, Jodkali, Elektrolyt.
Fall 2: Essigsäure, Elektrolyt, Jodkali.

Probe:	2 ccm Elektrolyt	Fall 1	Fall 2
	ccm verbraucht	2,0	2,2
	$n/30\,Na_2S_2O_3$-Lösung		

Wahrscheinlich beruht dieser Unterschied auf der Oxydation des Kupferchlorürs. Es wurde daher stets nach Fall 1 gearbeitet. Da nur geringe Mengen an Kupferchlorid in einer frisch bereiteten Cuprochloridlösung enthalten sind, so wurde zwecks größerer Genauigkeit stets eine $n/30$-Natriumthiosulfatlösung zur Titration benutzt.

4. Bestimmung des Kupferchlorürs.

Um den Gehalt des einwertigen Kupfers neben dem zweiwertigen zu bestimmen, wurde anfangs folgender Weg eingeschlagen:

Man ermittelte zunächst jodometrisch die Menge des Cuprikupfers. In einer anderen Probe wurde die Kupferchlorürlösung mit Salpetersäure oxydiert, derselben Schwefelsäure zugefügt, um die Chloride zu zerstören, und die Flüssigkeit so weit eingedampft, bis Schwefelsäuredämpfe entwichen. Nach dem Auffüllen mit Wasser wurde in dieser Lösung dann das Kupfer entweder jodometrisch oder elektrolytisch bestimmt. Man erhielt dann die Menge an Cuprokupfer aus der Gleichung:

$$\text{Cuprokupfer} = \text{Gesamtkupfer} - \text{Cuprikupfer}.$$

Da aber diese Bestimmung immerhin eine geraume Zeit erforderte, so wurde eine maßanalytische Schnellmethode ausgearbeitet. Der Gedanke war der, durch Oxydation das Kupferchlorür in Kupferchlorid überzuführen und aus dem Verbrauch der oxydierenden Lösung die Menge des Cuprokupfers zu berechnen. Für diesen Zweck eignete sich Kaliumbromat ($KBrO_3$) sehr gut. Die Oxydation, die in salzsaurer Lösung ausgeführt werden muß, verläuft nach den Gleichungen:

$$2\,KBrO_3 + 2\,HCl = 2\,KCl + 2\,HBr + 3\,O_2$$
$$3\,O_2 + 12\,HCl = 6\,H_2O + 6\,Cl_2$$
$$12\,CuCl + 6\,Cl_2 = 12\,CuCl_2$$

oder

$$6\,CuCl + KBrO_3 + 7\,HCl = KCl + HBr + 3\,H_2O + 6\,CuCl_2.$$

Als Indikator wurde wie bei der Titration der arsenigen und antimonigen Säure nach St. György Methylorange benutzt. Ein Überschuß an Kaliumbromat wirkt auf die während der Oxydation entstandene Bromwasserstoffsäure ein nach der Gleichung:

$$KBrO_3 + 5\,HBr + HCl = KCl + 3\,H_2O + 3\,Br_2.$$

Das Brom entfärbt die Methylorangelösung, da sich das farblose Bromderivat des Farbstoffes bildet. Dieser Farbenumschlag war sehr deutlich. Die rote Lösung wurde gelb und nahm dann die blaugrüne Farbe des Kupferchlorids an.

Es fiel auf, daß die Oxydationsgeschwindigkeit bei manchen Titrationen sehr träge war. Wie der folgende Versuch zeigt, ist sie ganz von der Konzentration der angewandten Salzsäure abhängig.

Versuch: 2 ccm einer Kupferchlorürlösung, die etwa 2,5% Cu als CuCl und 0,54% HCl enthielt und dreifach normal an Natriumchlorid war, wurden mit einer $n/20$-$KBrO_3$-Lösung titriert.

Zusatz von 10 ccm einer Salzsäure vom Prozentgehalt	Verbrauch an ccm einer $n/20$-$KBrO_3$-Lösung	Farbenumschlag	Verlauf der Reaktion
0	34	rosa in gelb	es schied sich gelbes CuOH inf. Hydrolyse aus
1	50	blieb rosa	keine Reaktion
3	24	rosa in blaugrün	Reaktion sehr träge
	zwei Versuchsreihen:		
5	17,65 17,4	rosa in grünblau	Reaktion langsam
10	17,6 17,4	rosa in grünblau	
15	17,6 17,4	rosa in grünblau	Reaktion normal verlaufend
20	17,6 17,4	rosa in grünblau	

Es wurden daher stets zu 2 bis 3 ccm Kupferchlorürlösung 10 ccm 15 bis 20 proz. Salzsäure hinzugefügt. Die Geschwindigkeit der Reaktion wurde auch durch Titration in der Wärme erhöht.

Der quantitative Verlauf der Reaktion wurde durch 2 Analysen geprüft:

1. 5 ccm einer Kupferchlorürlösung wurden unter Zusatz von 10 ccm 20 proz. Salzsäure mit einer $n/10$-$KBrO_3$-Lösung titriert.

Der Gehalt an zweiwertigem Kupfer wurde jodometrisch, die Menge an Gesamtkupfer durch Elektrolyse bestimmt. Die folgenden Werte beziehen sich auf 2 ccm der angewandten Lösung.

Probe	Cuprokupfer g	Cuprikupfer g	Gesamtkupfer g
I	0,04186	0,00115	0,04301
II	0,04160	0,00118	0,04278

Zwei Doppelbestimmungen lieferten durch Elektrolyse für das Gesamtkupfer die Werte:

0,04288 g Cu
0,04292 g Cu

Mittel: 0,04290 g Cu.

Die folgende Tabelle bringt einen Vergleich der für das Gesamtkupfer erhaltenen Werte:

Werte durch	Probe I	Probe II	Mittelwert I und II
Titration	0,04301 g Cu	0,04278 g Cu	0,042895 g Cu
Elektrolyse	0,04290 g Cu	0,04290 g Cu	0,042290 g Cu
Differenz	+0,00011 g Cu	—0,00012 g Cu	—0,000005 g Cu
Fehler von	+0,256%	—0,277%	—0,021%

2. Zur Untersuchung lag eine Lösung vor, die durch Auflösen von 3,301 g CuCl in 1 l einer 1 proz. Salzsäure hergestellt worden war. Davon wurden 10 ccm mit einer $n/20$-KBrO$_3$-Lösung auf Cuprokupfer titriert und in anderen 10 ccm das Cuprikupfer jodometrisch bestimmt. Das Gesamtkupfer wurde durch Elektrolyse der oxydierten Kupferchlorürlösung in schwefel-salpetersaurer Lösung erhalten.

Die Analysen ergaben folgende Werte für 10 ccm der obigen Lösung:

Cuprokupfer	0,19659 g
Cuprikupfer	0,01468 g
Durch Titration Gesamtkupfer	0,21127 g
durch Elektrolyse Gesamtkupfer	0,2110 g
Fehler	+0,13%.

Die beiden Analysen zeigen nur geringe Abweichungen in den Werten für das Gesamtkupfer. Die Differenzen liegen aber völlig im Bereiche der Ablesungsfehler. Man kann also die Bromatmethode zur Bestimmung des Cuprokupfers und die Jodidmethode zur Bestimmung des Cuprikupfers im Elektrolyten benutzen.

Da die Oxydation des Kupferchlorürs langsam vor sich geht, läßt man die Kaliumbromatlösung nicht zu rasch zufließen. Diese Methode zur Bestimmung des Cuprochlorids ist natürlich nur dann anwendbar, wenn der Elektrolyt außer Kupferchlorür nicht noch andere oxydierbare Verbindungen enthält wie FeCl$_2$, SnCl$_2$, SbCl$_3$ und As$_2$O$_3$.

Das Titereinstellen der $n/10$-Kaliumbromatlösung.

Diese Lösung bietet anderen gegenüber gewisse Vorteile:

1. Durch Auflösen von 2,7836 g reinem Kaliumbromat in 1 l Wasser erhält man direkt eine $n/10$-KBrO$_3$-Lösung.
2. die Bromatlösung ist an der Luft beständig.

Um die Normalität der Lösung zu prüfen, benutzt man die Reaktion

$$KBrO_3 + 7 HCl + 6 KJ = 7 KCl + HBr + 3 H_2O + 3 J_2.$$

Man gibt demnach zu einer schwach salzsauren Lösung von Jodkalium etwas Stärkelösung, läßt z. B. 10 ccm Bromatlösung zufließen und titriert das ausgeschiedene Jod mit einer eingestellten Natriumthiosulfatlösung.

c) Die Oxydation des Elektrolyten und deren Einfluß auf die Elektrolyse.

Wie erwähnt, erfolgte beim Stehen an der Luft ziemlich schnell eine Oxydation der Kupferchlorürlösung nach der Gleichung

$$4 CuCl + 4 HCl + O_2 = 4 CuCl_2 + 2 H_2O.$$

Der Salzsäureverbrauch war zuweilen so stark, daß sich basische Kupferchloride abschieden. In Gegenwart von Kupfer wurde das entstandene Cuprichlorid wieder vollständig zu Cuprochlorid reduziert.

$$CuCl_2 + Cu = 2 CuCl.$$

Dadurch stieg der Kupfergehalt der Lösung unter Umständen bis zur Sättigung mit Kupferchlorür an. Neu entstehendes Kupferchlorür kristallisierte dann aus und bildete auf den Elektroden dünne Deckschichten, die zu starken Spannungssteigerungen Anlaß gaben. Für die Elektrolyse konnte man diese Vorgänge zu der folgenden Gleichung zusammenfassen

$$4\,Cu + 4\,HCl + O_2 = 4\,CuCl + 2\,H_2O$$

Die Zunahme des Kupfergehaltes und der Verbrauch an Salzsäure stehen demnach in einem festen Verhältnis und zwar

$$Cu/HCl = 1{,}743\,.$$

Diese theoretischen Überlegungen wurden durch eine Reihe von Untersuchungen bestätigt. Folgender Versuch zeigt die Veränderung des Elektrolyten:
100 ccm einer Kupferchlorürlösung blieben 46 Std. der Einwirkung des Luftsauerstoffes ausgesetzt. Die gefundenen Werte sind in nachstehender Tabelle zusammengefaßt:

Std.	g HCl	g Cu˙	g Cu˙˙	g GesamtCu	g HCl Verbrauch	g Cu˙ Abnahme	g Cu˙˙ Zunahme	Cu/HCl
0	1,131	2,5517	0,0071	2,5578	0,813	1,4378	1,4396	1,77
46	0,318	1,1139	1,4407	2,5546		1,4387		gegen theoretisch 1,743

Über die Veränderungen, die während der Elektrolyse im Elektrolyten vor sich gehen, geben die unten beschriebenen Versuche Aufschluß.

Versuchsbedingungen:

Elektrolyseur: offenes Akkumulatorenglas.
Kathode: dünnes Kupferblech.
Anode: Elektrolytkupfer.
Elektrolyt: 500 ccm von der Zusammensetzung 3-n-NaCl, 0,25-n-HCl, 0,33-n-CuCl.
Stromdichte: $D_k = 100$ Amp./m².
Rührung: mechanische Rührung durch Glaspropeller.
Heizung: 45°, das Elektrolysiergefäß stand in einem Wasserbade.
Schaltung und Versuchsanordnung sind in ihren Einzelheiten aus den Abb. 1 und 2 ersichtlich.

Versuchsergebnisse.

Nach Std.	g HCl Verbrauch	Veränderung (g Cu) des		g Cu Zunahme	In 20 Std.		Cu/HCl
		Cu˙-Gehaltes	Cu˙˙-Gehaltes		g HCl Verbrauch	g Cu Zunahme	
19	0,276	+ 0,495	− 0,0081	+ 0,487	0,295	0,513	1,77
20	0,226	+ 0,466	− 0,0306	+ 0,436	0,226	0,436	1,93
20	0,209	+ 0,442	− 0,0306	+ 0,412	0,209	0,412	1,97
22	0,252	+ 0,474	− 0,0127	+ 0,462	0,229	0,420	1,83
						Mittelwert	1,87

Das Verhältnis Cu/HCl ist im Mittel allerdings größer als nach der Theorie. Das ist auch ganz erklärlich, da der frisch bereitete Elektrolyt stets geringe Mengen Kupferchlorid enthält, die ohne Salzsäureverbrauch reduziert werden

$$CuCl_2 + Cu = 2\,CuCl\,.$$

Die Zunahme des Kupfergehaltes im Elektrolyten mußte also größer sein, als nach dem Salzsäureverbrauch zu erwarten war.

Wie bereits erwähnt, reduziert das Kupfer der Elektroden sofort das durch Oxydation entstandene Kupferchlorid. Dadurch geht an den Elektroden Kupfer in Lösung, d. h. anodisch wird mehr Kupfer gelöst, kathodisch weniger abgeschieden, als der verbrauchten Elektrizitätsmenge theoretisch entspricht.

Die bei einigen Elektrolysen gewonnenen Ergebnisse sind in der folgenden Tabelle zusammengestellt und geben ein klares Bild über die Vorgänge:

Durch Amp. Std.	g Cu an der Anode gelöst	g Cu an der Kathode abgeschieden	g Cu theoretisch	Kathodische	Anodische
				Stromausbeute in %	
8,8	23,75	16,95	20,87	81,2	113,8
8,63	22,1	18,9	20,47	85,5	107,96
16,25	40,42	35,99	38,5	93,5	104,98

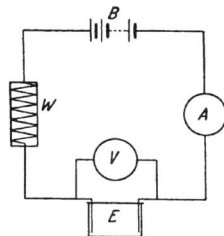

Abb. 1. Schaltskizze.
B = Batterie;
W = Widerstand;
E = Elektrolysiergefäß.
V = Voltmeter;
A = Amperemeter.

Nach früheren Versuchen von Engelhardt und Hosenfeld[1]) sinkt die kathodische Stromausbeute von 99,3 bzw. 98,7% in den ersten 8 Stunden im Laufe von 40 Stunden auf 96 bzw. 95,8%. Kilp[2]) hat bei Elektrolysen kürzerer Dauer Werte von 98,2 bis 98,4 erhalten. Wahrscheinlich ist die Stromausbeute von der Versuchsanordnung abhängig, im besonderen

1. vom Verhältnis der Oberfläche zum Volumen des Elektrolyten,
2. von der Elektrolysendauer.

Zusammenfassend kann man sagen, daß die Oxydation des Elektrolyten durch den Luftsauerstoff den einwandfreien Verlauf der Elektrolyse stört; denn sie verursacht:

1. Salzsäureverbrauch,
2. Zunahme an Kupferchlorür,
3. erhöhte Auflösung von Kupfer an der Anode,
4. teilweise Wiederauflösung des Kathodenkupfers und hierdurch verminderte Stromausbeute.

Um die Elektrolyse ohne Störungen auszuführen, ist es also unbedingt erforderlich, die Oxydation der Kupferchlorürlösung zu verhindern. Auf zwei Arten wurde ein luftdichter Abschluß des Bades erzielt:

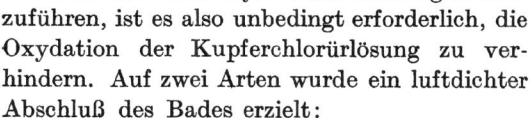

Abb. 2.

1. Das Elektrolysiergefäß wurde mit einer Hartgummiplatte bedeckt und durch Kabelwachs auf das Glas aufgekittet. Dieser Abschluß setzte aber voraus, daß die Elektrolyse längere Zeit ohne Unterbrechung ging. Bei häufigem Wechsel der Elektroden wäre es dann sehr umständlich gewesen, jedesmal den Deckel wieder zu befestigen.

2. Für Versuche von kurzer Dauer war es vorteilhaft, den Elektrolyten mit einer Flüssigkeit zu überschichten, die
   a) den Übertritt des Luftsauerstoffes in den Elektrolyten verhinderte,

---
[1]) Wissenschaftl. Veröffentlich. a. d. Siemenskonzern Bd. 2, S. 451 ff.
[2]) W. Kilp: Über den Einfluß des Antimons bei der elektrolytischen Raffination des Kupfers in Natriumcuprochloridlösung.

b) sich nicht in ihm löste und
c) leichter als die Kupferchlorürlösung war.
(Spez. Gewicht der Lösung von CuCl in NaCl beträgt $s = 1,14$.)
Als Deckflüssigkeit bewährte sich reines Paraffinöl. $s = 0,865$.
Die zweite Methode zeichnet sich durch ihre große Einfachheit aus. Man muß aber stets beachten, das Öl erst dann auf den Elektrolyten zu gießen, wenn die Elektroden eingehängt worden sind. Andernfalls werden sie mit einer feinen Ölhaut überzogen, die namentlich auf der Kathode unliebsame Folgeerscheinungen haben kann. Hat man z. B. die Elektrolyse unterbrochen, die Kathoden herausgenommen und wieder eingehängt, so kann man stets beobachten, daß sich auf dem zuerst abgeschiedenen Kupfer eine zweite Schicht niedergeschlagen hat.

II. Die Löslichkeit von Kupferchlorür in Lösungen von Alkali- und Erdalkalichloriden, sowie in Salzsäure.

Für die Zusammensetzung des Elektrolyten ist die Löslichkeit von Kupferchlorür ausschlaggebend. In Wasser ist sie äußerst gering, und zwar werden nach F. Noss[1] in 100 ccm nur 1,5 g CuCl bei 25° gelöst. Eine Lösung mit so geringem Kupfergehalte ist als Elektrolyt unbrauchbar, wenn man gut zusammenhängende Metallniederschläge erzeugen will. Durch Zusatz von Chloriden oder Salzsäure ist es aber möglich, die Löslichkeit von Kupferchlorür beträchtlich zu erhöhen. Von all den Lösungen ist dann diejenige als Elektrolyt am besten geeignet, deren Kupfergehalt im Zustande der Sättigung möglichst hoch liegt. Einerseits kann dann die Kupferkonzentration in ziemlich weiten Grenzen geändert werden, andererseits hat man die Gewähr, daß durch unvorhergesehene Steigerung des Kupfergehaltes keine Ausscheidung von festem Kupferchlorür eintritt. Um die als Elektrolyt am besten brauchbare Lösung zu ermitteln, wurden Löslichkeitsbestimmungen von Cuprochlorid in verschiedenen Chloridlösungen ausgeführt.

Da das Kupferchlorür stets geringe Mengen Kupferchlorid enthielt, so mußte die Lösung durch Kupfer reduziert und gleichzeitig die Oxydation der Flüssigkeit vermieden werden. Es wurde daher in ein Becherglas zunächst etwas Kupferchlorür gegeben und dieses mit der betreffenden Salzlösung überschichtet. Zur Reduktion des Kupferchlorids wurden zwei Kupferbleche eingehängt, die der Glaswand entsprechend gebogen waren. Durch Rühren mit einem Glaspropeller und durch Erwärmen ging das auf dem Boden des Gefäßes liegende Kupferchlorür in Lösung. Eine Einwirkung des Luftsauerstoffes wurde durch Überschichten der Flüssigkeit mit Paraffinöl ausgeschaltet. Die anfangs dunkelbraune Lösung wurde bald farblos, ein Zeichen, daß das Kupfer nur als Cuprochlorid gelöst war. Gleichzeitig verhinderte die Paraffinölschicht ein Verdampfen des Wassers, so daß man keine Veränderung der Chloridkonzentration zu befürchten brauchte. Beim langsamen Abkühlen auf Zimmertemperatur schieden sich aus der Lösung schöne Kristalle von Kupferchlorür aus. Die benutzten Salzlösungen hatten ungefähr die Zusammensetzung:

3-n-Alkali-, Erdalkalichloride oder Salzsäure,
0,25-n-Salzsäure.

---

[1] F. Noss: Dissertation, Graz 1912.

Additional information of this book

(Beiträge zum Studium der Kupferelektrolyse in kupferchlorürhaltigen Elektrolyten; 978-3-662-27818-5; soft ISBN_OSFO1) is provided:

http://Extras.Springer.com

Bei Entnahme der Probe hatten die gesättigten Lösungen immer Zimmertemperatur. In der folgenden Tabelle sind die Untersuchungsergebnisse verzeichnet:

Löslichkeit von Kupferchlorür in verschiedenen Chloridlösungen.

Art des Chlorids	Konzentration von (in Molen/Liter)			Kupfergehalt %	Temperatur
	Chlorid	Salzsäure	Kupferchlorür		
NH_4Cl	3,02	0,247	1,136	7,22	20,5°
NaCl	2,95	0,247	0,617	3,92	20,5°
KCl	2,914	0,25	1,235	7,85	23°
$MgCl_2$	2,945	0,245	0,487	3,095	21°
$CaCl_2$	2,921	0,27	0,565	3,59	22°
$BaCl_2$	2,989	0,27	0,687	4,367	22,5°
HCl	—	3,465	0,644	4,096	23°
HCl	—	5,9	1,737	11,04	23°

Die Löslichkeit von Kupferchlorür schwankt also zwischen den Grenzen 3 bis 4,4% Cu. Eine Ausnahme machen allein die Lösungen von Ammoniumchlorid und Kaliumchlorid, in denen der Kupfergehalt doppelt so groß ist und etwa bei 7,5% Cu liegt. Diese beiden Flüssigkeiten werden daher am besten als Elektrolyt zu verwenden sein.

Wird die Elektrolyse bei erhöhter Badtemperatur ausgeführt, so empfiehlt es sich, trotz gesteigerter Löslichkeit des Kupferchlorürs' niemals im Kupfergehalte über die oben angeführten Werte hinauszugehen. Es kristallisiert dann schon bei schwacher Abkühlung der Lösung Cuprochlorid aus, wodurch leicht Schwierigkeiten während der Elektrolyse auftreten können. Außer durch Erwärmen nimmt auch bei Steigerung des Chlorid- bzw. Salzsäuregehaltes die Löslichkeit von Kupferchlorür zu. Die Kurve in Abb. 3 zeigt deutlich den starken Anstieg des Cuprochloridgehaltes mit der Zunahme an Salzsäure[1]). Die folgende Tabelle weist auf die gleichen Verhältnisse in Kaliumchloridlösungen hin[2]).

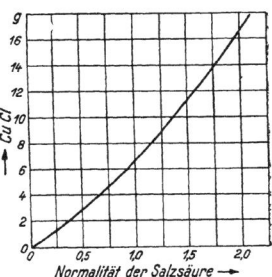

Abb. 3. Löslichkeit von Kupferchlorür in Salzsäure bei 15° C.

Löslichkeit von CuCl in KCl-Lösung (Molen/Liter).

Temperatur	GesamtKCl	GesamtCu
18,3	0,05	0,002411
16,0	0,1	0,004702
16,0	0,2	0,009458
19,2	1,0	0,0970
16,4	2,0	0,3840

Wenn man den Chloridgehalt der Lösungen noch bedeutend steigert (siehe untenstehende Tabelle), so ist es möglich, die Kupferkonzentration beträchtlich zu erhöhen. Berücksichtigt man, daß die Löslichkeit für Kupferchlorür wahrscheinlich proportional der hinzugefügten Salzmenge zunimmt, so kann ohne Schwierigkeiten ein Kupfergehalt von 7% im Elektrolyten innegehalten werden. Eine Kristallisation von Kupfer-

---

[1]) Abeggs Handb. d. anorgan. Chemie Bd. II, 1.
[2]) Abeggs Handb. d. anorgan. Chemie Bd. II, 1, S. 507.

chlorür ist nicht zu befürchten. Natürlich wird man denjenigen Salzlösungen den Vorzug geben, in welchen sich Cuprochlorid am stärksten löst.

Löslichkeit von Alkali- und Erdalkalichloriden in Wasser.

Salz	Angewandte Lösung g/100 ccm H$_2$O	Gesättigte Lösung g/100 ccm H$_2$O	Temperatur
NH$_4$Cl	16,05	27,1	20°
NaCl	17,54	35,63	20,85°
KCl	22,37	34,7	20°
MgCl$_2$	14,29	54,5	20°
CaCl$_2$	16,65	74	20°
BaCl$_2$	31,26	35,7	20°
HCl	12,76	42,28	18,25°
	21,52		

III. Die Form der Kupferniederschläge.

Nicht selten wird die Anwendung einer Elektrolyse im Großbetriebe durch die Form des abgeschiedenen Metalles völlig unmöglich gemacht. Die Niederschläge bestehen dann entweder aus großen Knospen und Warzen oder aus einzelnen dendritisch weiterwachsenden Kristallen, die nur lose auf der Unterlage sitzen. Als Beispiele mögen die Abscheidung von Blei aus Bleinitratlösung und die von Zinn aus Zinnchlorürlösung erwähnt sein. Bei der Raffination von Silber nach dem Verfahren von Möbius wird das Metall aus Nitratlösung in großen, dendritischen Kristallen niedergeschlagen, die durch hin und her gehende Abstreicher vom Kathodenblech abgestoßen werden und in darunterliegende Sammelkästen fallen. Die Elektrolyse unter Anwendung dieser komplizierten Apparatur ist nur wegen des hohen Silberpreises noch wirtschaftlich. Im allgemeinen ist man aber stets bemüht, an der Kathode einen möglichst dichten und glatten Niederschlag zu erzeugen, der sich leicht als Blech- — zwecks späterer Verwendung als Mutterblech — von der Unterlage abziehen läßt.

Die Form der Kathodenniederschläge ist nicht immer für ein Metall die gleiche, sondern ist von verschiedenen Bedingungen abhängig. Von größtem Einfluß ist das Verhältnis der Stromdichte zur Elektrolytkonzentration des Metalles. Je höher die Konzentration ist, desto besser ist die Form des abgeschiedenen Metalles. Da die Metallionen nicht so schnell an die Kathode gelangen, als sie entladen werden, so sinkt bald, besonders bei hoher Stromdichte, der Metallgehalt des Elektrolyten in der Nähe der Kathode. Dieser Verarmung muß man unbedingt entgegenwirken, um die Abscheidung schlechter Metallniederschläge zu verhindern. Durch Diffusion und Konvektion wird die Geschwindigkeit, mit der die Metallionen nach der Kathode wandern, nur wenig erhöht. Allein dadurch, daß man den Elektrolyt auf irgendeine Art bewegt, ist es möglich, die Konzentration des Metalles auch an der Kathode konstant zu halten. Man erreicht es durch Propellerrührung, durch langsames Aufperlen von Luftblasen oder dadurch, daß man die Lauge durch die in Kaskaden angeordneten Bäder strömen läßt. Wird das Verhältnis von Stromdichte zu Metallkonzentration im Elektrolyten immer größer, so kann auch die stärkste Rührung nicht die Abscheidung schlechter Niederschläge verhindern. Schied sich das Metall unter normalen Verhältnissen, z. B. bei einer Stromdichte von $D_k = 100 - 200$ Amp./m^2 glatt und dicht ab, so werden die Niederschläge mit zunehmender Stromdichte knospig, ästelig und schließlich unter extremen Verhältnissen pulverig. Man arbeitet daher in der Technik mit möglichst hohen Konzentrationen, da dann auch die Stromdichte größer gewählt werden kann. Diese Tatsache ist äußerst wichtig, da zuweilen nur bei höherer Stromdichte noch eine elektrolytische Gewinnung verschiedener Metalle (z. B. Zink) im Großbetriebe wirtschaftlich durchzuführen ist.

Infolge stärkerer Diffusion bewirkt Temperaturzunahme eine Erhöhung der Metallionenkonzentration an der Kathode. Gleichzeitig sinkt die Polarisation, wodurch die Niederschläge knospiger werden.

Wohl kaum hätte die Kupferelektrolyse in schwefelsaurer Kupfersulfatlösung eine solche große Ausdehnung gehabt, wenn nicht an der Kathode ohne größere Schwierigkeiten ein glatter und dichter Kupferniederschlag erzeugt werden könnte. Man arbeitet gewöhnlich bei einer Stromdichte von $D_k = 100$ bis 250 Amp./m² in einem Elektrolyten folgender Zusammensetzung:

130 bis 180 g $CuSO_4 \cdot 5 H_2O$ und 90 bis 140 g H_2SO_4 in 1 Liter.

Je höher der Schwefelsäuregehalt ist, desto glatter ist auch das Kathodenkupfer[1]).

Eine Kathode, wie sie bei der Raffination eines Rohkupfers mit 97% Cu gewonnen wurde, zeigt Bild 1, Tafel 1. Das abgeschiedene Kupfer ist dicht und glatt und zeigt nur an einigen Stellen kleine Höcker. Die Elektrolyse wurde bei der Stromdichte $D_k = 100$ Amp./m² und Zimmertemperatur unter Benutzung einer schwachen Luftrührung ausgeführt.

Wenn auch Kupfer aus Sulfatlösung in schönen Platten elektrolytisch gewonnen wird, so ist damit noch längst nicht erwiesen, daß es aus anderen Salzlösungen in derselben Form abgeschieden wird. Vergleicht man beispielsweise den kupferchlorürhaltigen Elektrolyten mit einer Kupfersulfatlösung, so wird man einen großen Unterschied feststellen können. Während dort das Kupfer in Form des Komplexsalzes Na_2CuCl_3 gelöst ist, liegt es in schwefelsaurer Lösung als einfaches Salz, nämlich als Kupfersulfat $CuSO_4 \cdot 5$ aq. vor. Die Kupferionenkonzentration ist im ersten Falle äußerst gering, da das Anion $CuCl_3$ nur wenig in Cu und Cl dissoziiert sein wird. Kupfersulfat hingegen zerfällt in wässeriger Lösung fast vollständig in das Kupferkation und Sulfatanion. Wohl sinkt durch den hohen Schwefelsäuregehalt der Dissoziationsgrad, er erreicht aber doch niemals den geringen Wert des Anions $CuCl_3$. Es ist daher auch ausgeschlossen, daß das Kupfer aus den beiden, ihrer Zusammensetzung nach völlig verschiedenen Elektrolyten unter gleichen Versuchsbedingungen in derselben Form an der Kathode abgeschieden werden kann.

Um über die Form des Kathodenkupfers nähere Angaben machen zu können, wurde eine Reihe von Versuchen ausgeführt.

a) Der Einfluß der Stromdichte, der Temperatur und des Elektrolyten.

Die Schaltung sowie Versuchsanordnung sind aus den Abb. 1 und 2 zu ersehen. Sämtliche Elektrolysen wurden bei Zimmertemperatur und bei 45° bis 50° unter Verwendung verschiedener Stromdichten ausgeführt. Als Elektrolyt wurden die kupferchlorürhaltigen Lösungen der Alkali- und Erdalkalichloride, sowie der Salzsäure benutzt. Das Kathodenkupfer wurde nach dem Herausnehmen aus dem Bade mit verdünnter Salzsäure abgespült, um das anhaftende Kupferchlorür abzulösen. Nach

---

[1]) F. Förster: Elektrochemie wässeriger Lösungen, S. 386.

dem Abspritzen mit Wasser wurde die Kathode in Alkohol eingetaucht und dann bei etwa 100° getrocknet. Für alle Versuche galten folgende

Versuchsbedingungen:

Elektrolysiergefäß: kleines Akkumulatorenglas für 500 ccm Lösung.
1 Anode: 4 mm starke Kupferplatte; \ wirksame Flächen waren bei beiden
1 Kathode- 0,5 mm starkes Kupferblech ∫ Elektroden gleichgroß.
Elektrolyt: stets von der Zusammensetzung 3-n-Chloride oder Salzsäure, 0,25-n-Salzsäure, 0,33 n-Kupferchlorür.
Stromdichte: Es wurden folgende Stromdichten benutzt: $D_k = 50$ Amp./m², $D_k = 100$ Amp./m², $D_k = 250$ Amp./m², $D_k = 400$ Amp./m².
Badtemperatur: Zimmertemperatur (etwa 20°) und 45° bis 50°.
Elektrodenabstand: 5,5 cm.
Rührung: Mechanische Rührung durch Glaspropeller. Die Umdrehungsgeschwindigkeit wurde konstant und möglichst niedrig gehalten. Sie betrug etwa 200 Umdrehungen in der Minute und wurde stets mit einem Tachometer sorgfältigst überwacht.
Elektrolysendauer: ungefähr 72 Stunden.
Bei kürzerer oder längerer Dauer ist die Stundenzahl besonders angegeben. Zu kurze Dauer hätte leicht zu Fehlschlüssen in der Beurteilung des Kathodenkupfers führen können. Während nämlich häufig noch am ersten Tage die Kupferniederschläge ziemlich glatt waren, wurden sie später knospig und ästelig.
Die Einteilung der Versuche erfolgte nach den bei den Elektrolysen verwandten Lösungen.

1. Die Elektrolyse in alkalichloridhaltiger Lösung.

Die Kupferabscheidung aus kochsalzhaltigem Elektrolyten.
Versuch 1.
Stromdichte: $D_k = 50$ Amp./m².
Temperatur: 45° bis 50°.
Spannung: 0,08 Volt.
Kathode: Das an dem Blech festhaftende Kupfer war gleichmäßig in feinen Knospen abgeschieden worden. Die Stelle, an der gerührt wurde, war deutlich daran zu erkennen, daß die Knospenbildung stark zurücktrat. Die Warzen setzten sich aus kleinen, schuppigen Kristallen zusammen. Nach dem Trocknen wurde das Kupfer dunkelbraun (Bild 2, Tafel 1).
Versuch 2.
Stromdichte: $D_k = 100$ Amp./m².
Temperatur: 45° bis 50°.
Spannung: 0,16 Volt.
Kathode: Das Kupfer haftete fest an dem Blech. Die Knospenbildung trat stärker als bei Versuch 1 hervor. Infolge höherer Stromlinienkonzentration an den Kathodenrändern hatten sich dort wulstartige Verdickungen gebildet, die auch fast bei allen folgenden Elektrolysen mehr oder weniger stark auftraten. Auffallend war die Bildung großer schuppiger Kristalle, die teils durch-, teils aneinander gewachsen waren (Bild 3, Tafel 1).

Versuch 3.
Stromdichte: $D_k = 250$ Amp./m².
Temperatur: 45° bis 50°.
Spannung: 0,34 Volt.
Elektrolysendauer: nur 42,5 Std. wegen Kurzschlußgefahr.
Kathode: Der Kupferniederschlag war stark knospig. An den Rändern, namentlich dem unteren, traten große Auswüchse auf, die leicht vom Blech abbröckelten. Die Knospen und seitlichen Auswüchse setzten sich aus kleinen schuppigen Kristallen zusammen (Bild 4, Tafel 1).

Versuch 4.
Stromdichte: $D_k = 400$ Amp./m².
Spannung: 0,63 Volt.
Temperatur: 45° bis 50°.
Elektrolysendauer: Wegen Kurzschluß mußte die Elektrolyse nach 7 Std. ausgeschaltet werden.
Kathode: Die Bildung von Knospen trat noch viel stärker hervor. An den Rändern hatten sich ästelige Auswüchse gebildet, die zur Anode hinüberwuchsen und Kurzschluß verursachten. Beim Herausnehmen der Kathode aus dem Bade brachen sie von selbst ab. An der Stelle der Rührung trat die Knospenbildung etwas zurück.

Bei den Versuchen 1 bis 4 hatte die Kathode im Elektrolyten eine kupferrote Farbe, nach dem Trocknen dagegen wurde das Kupfer dunkelbraun. Dieselben Versuche wurden nun bei Zimmertemperatur ausgeführt.

Versuch 5.
Stromdichte: $D_k = 50$ Amp./m².
Spannung: 0,13 Volt.
Temperatur: 21°.
Kathode: Das schöne orangerote Kupfer haftete fest an dem Blech und hatte sich in kleinen Knospen abgeschieden, die über das Kathodenblech gleichmäßig verteilt waren. Es bestand im Gegensatz zu den Versuchen 1 bis 4 aus kleinen Kristallen, deren Flächen das Licht reflektierten.

Versuch 6.
Stromdichte: $D_k = 100$ Amp./m².
Spannung: 0,24 Volt.
Temperatur: 20°.
Kathode: Das Kupfer von schön hellroter Farbe haftete sehr fest an dem Blech. Es zeigte keine Unterschiede zu dem nach Versuch 5 abgeschiedenen Kupfer. Die Bildung einzelner großer Kristalle trat stark hervor (Bild 5, Tafel 1).

Versuch 7.
Stromdichte: $D_k = 250$ Amp./m².
Spannung: 0,61 Volt.
Temperatur: 20°.
Elektrolysendauer: Nur 45 Std. wegen Kurzschlußgefahr.
Kathode: Das Kupfer haftete fest an dem Blech. Am Rande traten wieder größere Auswüchse auf, deren Enden sehr leicht abbröckelten. Die Knospen, die ebenfalls sehr groß waren und sich aus scharfkantigen Kristallen zusammensetzten,

waren über das Blech gleichmäßig verteilt. Die grobe Kristallstruktur trat an der Stelle der Rührung sehr zurück (Bild 6, Tafel 1).

Die Elektrolyse bei 20° lieferte ein orangerotes Kupfer, das beim Trocknen nicht braun wurde. Die einzelnen Flächen der Kristalle reflektierten das Licht sehr gut, so daß die Elektroden hell glänzten. Mit wachsender Stromdichte nahm die Größe der Kristalle zu.

Der nächste Versuch wurde bei 90° durchgeführt.

Versuch 8.
Stromdichte: $D_k = 100$ Amp./m².
Spannung: 0,07 Volt.
Temperatur: 90°.
Elektrolysendauer: 50 Std.
Kathode: Das Kupfer war knospig, an den Rändern teilweise ästelig. Die Knospen bestanden aus feinen, kleinen Metallkörnern. Nach dem Trocknen war das Kupfer dunkelrotbraun (Bild 7, Tafel 1).

Das abgeschiedene Kupfer war bei allen Versuchen knospig. Die Stromdichte $D_k = 250$ Amp./m² ist nicht anwendbar, da die stark ästeligen Niederschläge während der Elektrolyse Kurzschluß verursachten. Beim Vergleich der Kupferniederschläge, die man elektrolytisch bei 20° und 45° bis 50° erhalten hatte, ergaben sich gewisse Unterschiede.

	Kupfer bei	
	20	45
Farbe nach dem Trocknen	hellrot	dunkelrotbraun
Form des Niederschlages	grobkristallin glänzend	feinkristallin matt
Kupfer haftet	sehr fest	fest, große Knospen aus schuppigen, blättrigen Kristallen, Auswüchse bröckeln leicht ab

Die folgenden Elektrolysen wurden bei der Stromdichte $D_k = 100$ Amp./m² ausgeführt, da die Kupferniederschläge bei dieser Stromdichte am besten einen Vergleich gestatteten.

Die Kupferabscheidung aus kaliumchloridhaltigem Elektrolyten.
Elektrolyt: 3-n-KCl, 0,25-n-HCl, 0,33-n-CuCl.
Stromdichte: $D_k = 100$ Amp./m².

Versuch Nr.	Temperatur	Spannung in Volt	Farbe des Kupfers nach dem Trocknen	Kathodenkupfer
9	20°	0,13	hellorangerot	festhaftende, großflächige Kristalle, besonders am unteren Rande
10	50°	0,1	braun	festhaftend, knospig, an den Rändern größere Auswüchse, Auftreten schuppiger Kristalle.

Die Kupferabscheidung aus ammoniumchloridhaltigem Elektrolyten.
Elektrolyt: 3 n-NH$_4$Cl, 0,25 n-HCl, 0,33 n-CuCl.
Stromdichte: $D_k = 100$ Amp./m².

Versuch Nr.	Temperatur	Spannung in Volt	Farbe des Kupfers nach dem Trocknen	Kathodenkupfer
11	20°	0,16	orangerot	festhaftend, Knospen aus kleinen Kristallen, die das Licht stark reflektieren (Bild 8, Tafel 1)
12	45°	0,1	braun	festhaftend, Knospen aus schuppigen Kristallen. Kupfer sonst wie bei Versuch 2 und 10 (Bild 9, Tafel 1)

2. Elektrolyse in Kupferchlorür-Erdalkalichloridlösung.
Die Kupferabscheidung aus calciumchloridhaltigem Elektrolyten.

Der Elektrolyt hatte die Zusammensetzung:
3-n-$CaCl_2$, 0,25-n-HCl, 0,33-n-CuCl.

Als Vertreter der Erdalkalichloride wurden eingehende Versuche mit diesem Elektrolyten angestellt.

Versuch 13.
Stromdichte: $D_k = 50$ Amp./m².
Temperatur: 50°.
Spannung: 0,1 Volt.
Kathode: Das an dem Blech festhaftende Kupfer hatte sich gleichmäßig in kleinen Knospen abgeschieden, die aus feinen schuppigen Kristallen bestanden. Die Stelle, an der gerührt wurde, zeigte nur geringe Warzenbildung (Bild 10, Tafel 1).

Versuch 14.
Stromdichte: $D_k = 100$ Amp./m².
Temperatur: 45° bis 50°.
Spannung: 0,16 bis 0,18 Volt.
Kathode: Das abgeschiedene Kupfer war stark knospig. An den Rändern traten große Kristallschuppen auf, die teilweise an- und durcheinander gewachsen waren. Bild 11, Tafel 1 zeigt deutlich den Einfluß der Rührung auf die Abscheidung des Kupfers.

Versuch 15.
Stromdichte: $D_k = 250$ Amp./m².
Temperatur: 45° bis 50°.
Spannung: 0,45 bis 0,6 Volt.
Elektrolysendauer: Nur 49 Std. wegen Kurzschlußgefahr.
Kathode: Das Kupfer war stark knospig, haftete aber fest an dem Blech. An den Rändern bildeten sich große, teilweise ästelige Auswüchse. Nach dem Trocknen zeigte das Kupfer wieder die braune Farbe. Auf Bild 12 und 13, Tafel 1 kann man deutlich die schuppigen Kristalle erkennen, aus denen die Warzen aufgebaut werden. Zahlreiche große Kristalle heben sich durch ihre Lichtreflexion von dem übrigen matten Kupfer ab.

Versuch 16.
Stromdichte: $D_k = 400$ Amp./m²
Temperatur: 45° bis 50°.
Spannung: 0,7 Volt.
Elektrolysendauer: 8 Std. wegen Kurzschlusses.
Kathoden: Der Niederschlag war stark knospig. Die großen Auswüchse waren ästelig und hafteten nur lose am Blech. Beim Herausnehmen der Kathode bröckelten sie ab. Das Kupfer war braun gefärbt.

Versuch 17.
Stromdichte: $D_k = 100$ Amp./m².
Temperatur: 22°.
Spannung: 0,26 Volt.
Kathode: Das knospige, hellorangerote Kupfer saß fest auf dem Blech. Auffallenderweise erfolgte die Abscheidung in großen schuppigen Kristallen.

Die Versuche 13 bis 17 zeigten, daß die schuppigen bis blätterigen Kristalle sich sowohl bei 45° als auch bei Zimmertemperatur abgeschieden hatten. Sonst waren keine Unterschiede zu dem bei den vorangehenden Elektrolysen niedergeschlagenen Kupfer zu beobachten.

Die Kupferabscheidung aus bariumchloridhaltigem Elektrolyten.
Elektrolyt: 3-n-BaCl$_2$, 0,25-n-HCl, 0,33-n-CuCl.
Die Elektrolysen wurden mit der Stromdichte $D_k = 100$ Amp./m² bei 20° und bei 50° ausgeführt.

Versuch Nr.	Temperatur	Spannung in Volt	Farbe des Kupfers nach dem Trocknen	Kathodenkupfer
18	20°	0,22	orangerot	großflächige Kristalle mit starker Lichtreflexion. Sonst wie bei Versuch 6 und 9 (Bild 14, Tafel 1).
19	45°	0,17	braun	fast glattes Kupfer aus kleinen schuppigen Kristallen. Nur an den Rändern einige Warzen, die leicht abbröckelten (Bild 15, Tafel 1).

Die Kupferabscheidung aus magnesiumchloridhaltigem Elektrolyten.
Elektrolyt: 2,787-n-MgCl$_2$, 0,25-n-HCl, 0,33-n-CuCl.
Stromdichte: $D_k = 100$ Amp./m².

Versuch Nr.	Temperatur	Spannung in Volt	Farbe des Kupfers nach dem Trocknen	Kathodenkupfer
20	22°	0,47	orangerot	festhaftend, große Kristalle mit starker Lichtreflexion
21	45—50°	0,13—0,16	braun	stark knospig, die Ränder mit größeren Warzen aus schuppigen Kristallen.

3. Elektrolyse in salzsaurer Kupferchlorürlösung.
Elektrolyt: 3,25-n-HCl, 0,33-n-CuCl.
Stromdichte: $D_k = 100$ Amp./m².

Versuch Nr.	Temperatur	Spannung in Volt	Farbe des Kupfers nach dem Trocknen	Kathodenkupfer
22	23°	0,1	orangerot	festhaftend, gleichmäßige Abscheidung in Kristallen, deren Flächen das Licht stark reflektieren. Keine Auswüchse (Bild 16, Tafel 1).
23	45°	0,07	braun	festhaftend, kleine Knospen aus schuppigen Kristallen (Bild 17 u. 18, Tafel 1).

Auffallend war bei beiden Versuchen die gleichmäßige Abscheidung des Kupfers, so daß keine großen Knospen und Auswüchse auftraten.

Versuchsergebnisse:

Der Zusatz verschiedener Chloride, sowie von Salzsäure zum Elektrolyten blieb im allgemeinen ohne Einfluß auf die Form des abgeschiedenen Kupfers. Es war meist knospig. Die Ränder der Bleche waren mehr oder weniger wulstartig verdickt und trugen größere Auswüchse, die häufig nur lose auf der Unterlage saßen. Das Kupfer haftete um so fester, je tiefer die Badtemperatur lag. Gutes, auf dem Kathodenblech festhaftendes Kupfer erhielt man stets bei der Stromdichte $D_k = 100$ Amp./m² (bei $D_k = 150$ Amp./m² wahrscheinlich auch noch!). Bei Zimmertemperatur (20°), bestand das Kupfer aus großen pyramidalen Kristallen, deren Flächen das Licht stark reflektierten, während sich bei 45° Knospen und Warzen bildeten, die aus schuppigen Kristallen zusammengesetzt waren. Auch zeigten beide Kupfersorten einen Unterschied in der Farbe. Während das in der Wärme abgeschiedene Kupfer nach dem Trocknen braun und unansehnlich wurde, blieb jenes orangerot. Bemerkenswert ist die ziemlich gleichmäßige knospige Abscheidung des Kupfers aus verdünnter Salzsäure, so daß auch an den Rändern die Auswüchse verschwanden.

Mit steigender Stromdichte nahm die Knospenbildung zu, bis schließlich bei der Stromdichte $D_k = 400$ Amp./m² die Auswüchse so schnell wuchsen, daß bereits nach 8 Stunden die Elektrolyse wegen Kurzschlusses beendet werden mußte. Schon bei $D_k = 250$ Amp./m² waren die Knospen von ansehnlicher Größe.

b) Einfluß der Kupferkonzentration des Elektrolyten auf die Form des Kathodenkupfers.

Die Versuche wurden in stark salzsaurer Lösung ausgeführt, um durch Steigerung des Säuregehaltes die Löslichkeit für Kupferchlorür zu erhöhen.

Als Elektrolyt diente sechsfach normale Salzsäure.
Stromdichte: $D_k = 100$ Amp./m².
Temperatur: 22°.

Versuch Nr.	Spannung in Volt	CuCl-Gehalt Mol/Liter	Kathodenkupfer
24	0,1	0,8	Abscheidung erfolgte gleichmäßig in kleinen Knospen aus Kristallschuppen. Die Ränder etwas wulstig (Bild 19, Tafel 1).
25	0,1	1,3	Die Knospenbildung blieb gering. Kristalle sind schuppenartig (Bild 20, Tafel 1).
26	0,1	1,6	Nur wenig knospig, Niederschlag aus dicht nebeneinander abgeschiedenen schuppigen Kristallen (Bild 21, Tafel 2).

Mit zunehmender Kupferkonzentration wurden die Knospen kleiner, verschwanden aber niemals, so daß kein glatter Niederschlag erhalten werden konnte. Das Kupfer zeigte die schuppigen Kristalle trotz der Abscheidung bei Zimmertemperatur.

c) Einfluß eines Kolloidzusatzes auf das Kathodenkupfer.

Bekanntlich werden Metalle, die unter gewöhnlichen Bedingungen zur Abscheidung knospiger und rauher Niederschläge neigen, bei Zusatz von Kolloiden, die im elektrischen Felde nach der Kathode wandern, in glatten Überzügen an der Kathode abgeschieden. Es wurde daher versucht, das Kathodenkupfer durch Kolloidzusatz zum Elektrolyten zu verbessern. Als Kolloid wurde Gelatine benutzt. Die

Versuchsbedingungen
waren folgende:
Elektrolyt: 3-n-NaCl, 0,25-n-HCl, 0,33-n-CuCl.
Stromdichte: $D_k = 100$ Amp./m².

Der Elektrolyt wurde so hergestellt, daß Kochsalz, Salzsäure und Kupferchlorür in Wasser, das eine bestimmte Menge Gelatine enthielt, gelöst wurde. Trotzdem die Flüssigkeit erwärmt, das Ungelöste aus der Gelatine abfiltriert wurde, blieb der Elektrolyt trübe.

Versuch Nr.	Temperatur	Spannung in Volt	Gelatine-zusatz	Elektrolyt	Kathodenkupfer
27	22°	0,28	0,12%	nach etwa 24 Std. klar (Bild 22, Tafel 2).	In allen drei Fällen das gleiche Aussehen.
28	22°	0,28	0,24%	nach 48 Std. klar	Der Niederschlag bestand aus vielen kleinen Knollen, die dicht aneinander saßen. Das Kupfer hatte eine graublaue Anlauffarbe
29	50°	0,17	0,15%	nach 24 Std. klar	

Die blaugraue Anlauffarbe des Kupfers kann nur auf der gleichzeitigen Abscheidung der Gelatine beruhen, da unter denselben Bedingungen, aber ohne Gelatinezusatz, orangerotes Kupfer erhalten wurde.

Versuch 30:
wurde mit salzsaurem Elektrolyten ausgeführt.
Elektrolyt: 3,25-n-HCl, 0,33-n-CuCl, 0,15% Gelatine; er war anfangs trübe, nach 12 Stunden wieder klar.
Stromdichte: $D_k = 100$ Amp./m².
Temperatur: 25°.
Spannung: 0,14 Volt.
Kathode: Das Kupfer hatte sich gleichmäßig in kleinen Knollen abgeschieden, ohne an den Blechrändern irgendwelche Auswüchse oder Wülste zu bilden. Die Oberfläche war etwas rauh. In den ersten beiden Tagen hatte sich das Kupfer feinkristallin und mit glatter Fläche abgeschieden (Bild 23, Tafel 2).
Der Gelatinezusatz verhinderte also die Bildung von Knospen und Auswüchsen und bewirkte die Abscheidung von dicht aneinander gedrängten kleinen glatten Knollen. Eine ebene Fläche konnte nicht erhalten werden. Wahrscheinlich ist der Gelatineverbrauch in salzsaurer Lösung größer als im kochsalzhaltigen Elektrolyten, da nach drei Tagen bereits das Kupfer Ansätze zur Knospenbildung zeigte.

d) Der Einfluß der Elektrolytbewegung.

Von größter Bedeutung dürften wohl die Elektrolysen sein, bei denen das Kupfer unter den gleichen Bedingungen wie im Großbetriebe abgeschieden wurde. Die Versuchsanordnung mußte wesentlich geändert werden, da eine Bewegung des Elektrolyten durch mechanische Rührung in der Technik völlig ausgeschlossen ist. Die Anwendung der Luftrührung war wegen der Oxydation des Elektrolyten unmöglich. Luft durch ein anderes Gas, z. B. Stickstoff oder Kohlensäure zu ersetzen, würde die Betriebskosten bedeutend vermehren. Es blieb daher nur übrig, die Lauge durch die Bäder fließen zu lassen. Bedenkt man, daß bei mechanischer Rührung die Elektrolytbewegung sehr stark ist, so ist es verständlich, wenn sich das Kupfer bei strömendem Elektrolyten in ganz anderer Form als bei den obigen Versuchen abscheidet.

Die Versuchsanordnung wurde so getroffen, daß aus einem Hochbehälter die Lösung in das Elektrolysiergefäß und von hier aus durch einen Niveauheber in einen tieferliegenden Glaszylinder floß. Durch Druckluft wurde die Lauge wieder in den Hochbehälter zurückgepumpt. Während dieses Kreislaufes wäre der Elektrolyt ziemlich stark oxydiert worden, so daß im Elektrolyseur die bereits geschilderten Vorgänge eingetreten wären. Durch Verwendung einer Kupferlegierung, z. B. von Messing als Anodenmaterial, wurde die Schwierigkeit behoben. An der Anode gingen nunmehr Kupfer und Zink gemeinsam in Lösung, während an der Kathode die beiden Metallen äquivalente Kupfermenge abgeschieden wurde. Im Elektrolyten sank daher der Kupfergehalt unter gleichzeitiger Zunahme der Zinkkonzentration. Für 1 Mol gelöstes Zink wurden 2 Mole Kupfer abgeschieden. Da der Kupfergehalt des Elektrolyten konstant bleiben sollte, so mußte die Lösung wieder an Kupfer angereichert werden. Bei Anwendung des schwefelsauren Elektrolyten wäre eine Regeneration nur durch Zugabe des verhältnismäßig teuren Kupfersulfates möglich gewesen. In Kupferchlorürlösung hingegen konnte auf höchst einfache Art das Metall selbst gelöst werden. Oxydierte man nämlich die Lauge durch Einblasen von Luft in Gegenwart von Kupfer oder Kupferlegierungen, so ging durch Reduktion des Kupferchlorids zu Kupferchlorür

$$CuCl_2 + Cu = 2\,CuCl$$

Kupfer in Lösung. Durch entsprechende Luftzufuhr war es stets möglich, dem Elektrolyten die verbrauchte Kupfermenge wieder zuzuführen. Bereits früher hatte man auf ähnliche Weise, und zwar durch Oxydation der Lösung mittels Chlor Erze (Verfahren von Höpfner) oder Konzentrationssteine (Verfahren von Browne) ausgelaugt und aus den erhaltenen Kupferchlorürlösungen das Kupfer gewonnen.

Bei den folgenden Versuchen wurde der Elektrolyt im Hochbehälter oxydiert und gleichzeitig durch Messingstreifen oder -späne reduziert. Um eine völlig kupferchloridfreie Lösung zu erhalten, wurde zwischen Hochbehälter und Elektrolyseur noch ein Gefäß mit Messingstreifen eingefügt. Nach 1 Stunde mußten im Hochbehälter stets 5 bis 10 ccm konz. Salzsäure zugegeben werden, da die Oxydation des Elektrolyten bekanntlich unter Salzsäureverbrauch verläuft. Nach je 4 Stunden wurde der Gehalt an Salzsäure, Kupferchlorür und Kupferchlorid bestimmt, um an der Hand der Analysen den Versuch gut überwachen zu können.

Die Einzelheiten der Versuchsanordnung sind aus Abb. 4 ersichtlich. Die Schaltung ist dieselbe wie bei den früheren Versuchen (siehe Abb. 1).

Versuchsbedingungen:

I. Elektrolysiergefäß: offenes Akkumulatorenglas von etwa 2 l Inhalt.
1 Kathode: dünnes Kupferblech (0,5 mm stark).
2 Anoden: 4 mm starke Messingplatten.
Elektrolyt: 6 l von der Zusammensetzung 3-n-NaCl, 0,25-n-HCl, 0,5-n-CuCl.
Stromdichte: $D_k = 100$ Amp./m².
Rührung: Strömender Elektrolyt. Die Durchflußgeschwindigkeit wurde verändert.

Temperatur: 45° bis 55°.
Spannung: 0,13 bis 0,17 Volt.
Elektrodenabstand: 5,5 cm.
II. Zylinder mit einer Druckluftpumpe im Innern.
III. Hochbehälter zur Oxydation und Reduktion der Lauge.
IV. Reduktionsgefäß.

Versuch 31.
Durchflußgeschwindigkeit: 1,08 l in der Std., d. h. der Elektrolyt erneuerte sich im Bade in 2 Stunden.
Elektrolysendauer: 40 Stunden.
Kathode: Es schieden sich große lange Kristalle ab, die nur lose auf dem Blech saßen. Sie bröckelten leicht ab. An den Rändern waren die Auswüchse bedeutend größer.

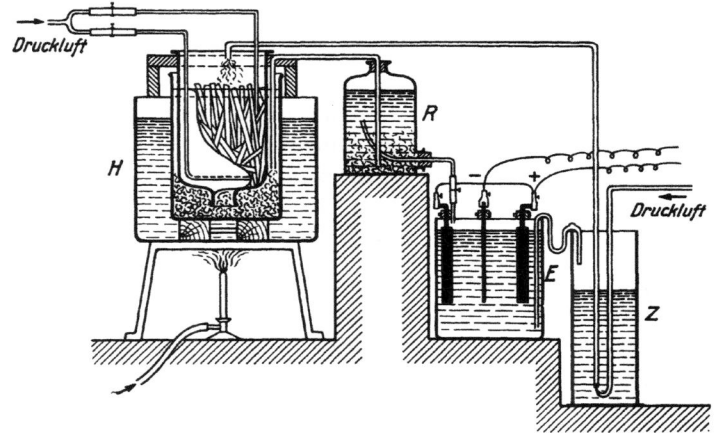

Abb. 4. Elektrolyse mit strömendem Elektrolyten.
H = Hochbehälter;   E = Elektrolysiergefäß;
R = Reduziergefäß;   Z = Zylinder mit Pumpe.

Versuch 32.
Durchflußgeschwindigkeit: 2,15 l in der Stde. Der Elektrolyt wurde also in 1 Stde. erneuert.
Kathode: Das Kupfer hatte sich anfangs feinkristallisiert, dann aber, wie bei Versuch 30, in großen Knospen abgeschieden. Die Auswüchse saßen bei Beginn der Elektrolyse nur lose auf dem Blech, verfestigten sich aber mit der Zeit immer mehr. Nur an den Rändern bröckelten sie leicht ab (Bild 24, Tafel 2).

Versuch 33.
Durchflußgeschwindigkeit: 2,16 l in $^1/_2$ Stde. Der Elektrolyt erneuerte sich in $^1/_2$ Stde.
Elektrolyseurdauer: 48 Stunden.
Kathode: Das Kupfer hatte sich wie bei Versuch 32 abgeschieden. Nur waren die einzelnen Auswüchse kleiner und dichter aneinander (Bild 25, Tafel 2).

Um das Kathodenkupfer zu verbessern, wurde dem Elektrolyten Gelatine zugefügt.

Versuch 34.
Elektrolyt: Die Zusammensetzung wie oben, enthält aber 0,05% Gelatine. Durchflußgeschwindigkeit: 2,16 l in 1 Stde. Der Elektrolyt erneuerte sich in 1 Stde.
Elektrolysendauer: 48 Std.
Kathode: Das Kupfer schied sich glatt ab, blieb aber spröde. Nur am oberen Teil der Kathodenfläche saßen einige Kristalle. Die Ränder trugen allerdings kleinere Knospen, die nicht allzu fest an dem Blech hafteten (Bild 26, Tafel 2).

Wie die letzten Versuche zeigen, ist die Abscheidung des Kupfers aus strömendem Elektrolyten nicht so gut als bei der Elektrolyse mit mechanischer Rührung, durch die der Elektrolyt viel stärker gemischt wird. Die Elektrolytbewegung ist daher nicht ohne Einfluß auf die Form des abgeschiedenen Kupfers. Je geringer also in der Nähe der Kathoden die Verarmung des Elektrolyten an Kupfer ist, desto dichter und feinknospiger sind die Kupferniederschläge. Da aber im Betriebe die Anwendung mechanischer Rührung völlig ausgeschlossen ist, so wird man dem Elektrolyten einen kleinen Gelatinegehalt geben, wodurch das Metall ebenfalls zusammenhängend und ziemlich glatt abgeschieden wird.

IV. Die Raffination des Kupfers.

Die Kupferelektrolyse in kupferchlorürhaltigem Elektrolyten wird nur dann Bedeutung erlangen, wenn es möglich ist, eine Raffination von Rohkupfer wie in Kupfersulfatlösung auszuführen. Man muß daher das kathodische Verhalten derjenigen Metalle kennenlernen, die im Rohkupfer als Verunreinigungen enthalten sind.

Es kommen folgende Metalle in Betracht: Zink, Eisen, Mangan, Nickel, Kobalt, Blei, Antimon, Wismut, Arsen, Silber, Gold, Platin.

Zwecks Raffination eines Rohkupfers wurde ein größerer Versuch durchgeführt. Um die Elektrolysendauer abzukürzen, wurde ein stark verunreinigtes Kupfer der Hamburger Affinerie verarbeitet. Es hatte die Zusammensetzung:

Cu	97,336%	Ag	0,381%	Ni	0,46%	
As	0,547%	Au	0,008%	O_2	}	0,677% als Rest.
Sb	0,299%	Pb	0,067%	S		
Sn	0,195%	Ag	0,030%	SiO_2		

Die Elektrolyse wurde, wie Abb. 5 zeigt, in einem Akkumulatorenglas ausgeführt. Zwischen zwei Kathoden aus Elektrolytkupferblech hing die 10 mm starke Rohkupferplatte als Anode. Um die Oxydation des Elektrolyten zu verhindern, wurde das Glasgefäß mit einer Hartgummiplatte bedeckt, die durch Kabelwachs auf das Gefäß aufgekittet war. Ein kleines, durch einen Gummistopfen verschlossenes Loch gestattete die Probenahme aus dem Elektrolyten. In den beiden Räumen, die von den Elektroden gebildet wurden, waren zwei Glasrührer angebracht. An ihrer Durchführungsstelle durch die Platte verhinderte je ein Abschluß mit Quecksilber das Ein-

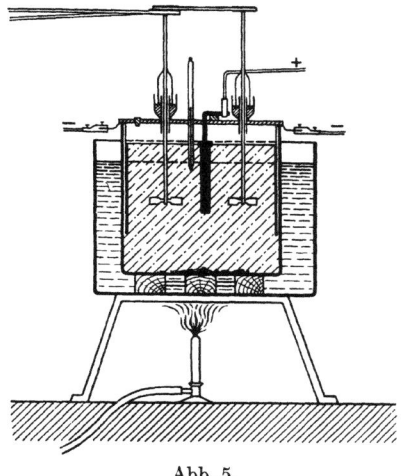

Abb. 5.

dringen der Luft in die Zelle. Die Kathodenbleche ragten nur auf zwei Drittel der Laugenhöhe in den Elektrolyten hinein, ungefähr in ihrer Mitte befanden sich die Propeller der Glasrührer. Durch diese Anordnung wurde verhindert, daß auf dem Boden liegender Anodenschlamm aufgewirbelt wurde. Die Schaltung zeigt Abb. 6. Die **Versuchsbedingungen** waren im einzelnen folgende:
Elektrolysiergefäß: ein luftdicht abgeschlossenes Akkumulatorenglas.
Elektrolyt: 2,115 l. Zusammensetzung siehe unten!
2 Kathoden: Elektrolytkupfermutterbleche: Nr. 1: 0,9 · 1,1 dm = 0,99 dm²
  Nr. 2: 0,9 · 1,12 dm = 1,008 dm²
  Gesamtfläche: 1,998 dm²
1 Anode: Rohkupfer 2 · 0,77 · 0,83 dm² = 1,2 dm².
Stromdichte: D_k = 100 Amp./m².
Stromstärke: 2 Amp. (wurde konstant gehalten).
Temperatur: 45—50°.
Spannung: 0,22—0,3 Volt bei 5 cm Elektrodenabstand.
Rührung: Mechanische Rührung durch Glaspropeller.
Der Elektrolyt hatte die Zusammensetzung:
bei Beginn der Elektrolyse: 17,5% NaCl, 1,00% HCl,
  1,981 Cu als CuCl,
  0,073% Cu als $CuCl_2$,
  2,054% Ges.-Cu .

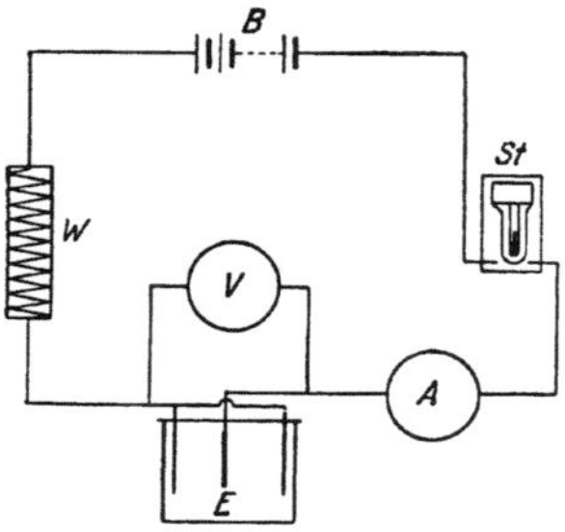

Abb. 6. Schaltskizze.
E = Elektrolyseur;
W = Widerstand;
B = Batterie;
V = Voltmeter;
A = Amperemeter;
St = Stiazähler.

am Schluß der Elektrolyse: 17,5% NaCl, 0,88% HCl, 2,446% Ges.-Cu als CuCl. Die Zunahme des Kupfergehaltes im Elektrolyten wies auf eine Oxydation der Lösung hin, die durch Luftzutritt bei der Entnahme von Proben während der Elektrolyse hervorgerufen worden war.

Da ein Teil der Verunreinigungen des Rohkupfers anodisch in Lösung ging, ferner Oxydation der Lösung eingetreten war, so hatte der Salzsäuregehalt des Elektrolyten abgenommen. Für den Salzsäureverbrauch ergaben sich folgende Werte:

1. auf 66,5 Amperestunden = 157,73 g Cu 3,4 g HCl also 21,56 g HCl für 1 kg
  Kathodenkupfer,
2. auf 55,0 Amperestunden = 130,46 g Cu 3,4 g HCl also 26,06 g HCl für 1 kg
  Kathodenkupfer.
  Mittelwert: 23,81 g HCl/1 kg Cu .

Das Kupfer schied sich bei Beginn der Elektrolyse grobkristallin ab und neigte stark zur Warzenbildung, trotzdem der Elektrolyt in 2,1 Liter 0,3 g Gelatine enthielt. Es wurde daher der Kolloidzusatz erhöht. Für 1 kg Elektrolytkupfer wurden etwa 1,8 g Gelatine verbraucht. Trotz des Gelatinegehaltes war die knospige Abscheidung des Kupfers nicht ganz zu verhindern. Die Stellen des Kathodenkupfers, an denen gerührt wurde, waren glatt, sonst war der Niederschlag knospig und ästelig. Das glatte Kathodenkupfer (I) hatte einen hellroten Bruch und bestand aus zwei Schichten, da von Sonnabend mittag bis Montag früh die Elektrolyse unterbrochen werden mußte. An der Trennungsfläche hatte sich durch Zementation ein feiner silbergrauer Überzug auf dem Kupfer gebildet. Das knospige Kupfer (II) hatte im Bruch eine dunkelblaue Farbe mit hellrotem Saum, ein Zeichen, daß dieses Kupfer stark verunreinigt war.

Die Verunreinigungen des Rohkupfers (etwa 3%) gingen teils in Lösung, teils fielen sie als Schlamm (5,22 g) auf den Boden des Elektrolysiergefäßes. Nähere Einzelheiten über das Verhalten der Verunreinigungen ergaben sich aus den Analysen des Anoden- und des Kathodenkupfers, des Elektrolyten und des Schlammes. Die Analysen des Kupfers wurden nach der Methode von Hampe[1]) ausgeführt, an die sich die Untersuchung des Elektrolyten und des Schlammes eng anlehnten. Die Ergebnisse der Analysen wurden zu der folgenden Tabelle zusammengestellt.

Metall	Rohkupfer %	Elektrolyt %	Kathodenkupfer I %	Kathodenkupfer II %	Schlamm %
Cu	97,336	2,446	99,566	99,343	27,2
As	0,547	0,038	0,0022	0,022	46,36
Sb	0,299	0,016	0,129	0,234	3,83
Sn	0,195	0,048	—	—	4,02
Ag	0,381	Spuren	0,303	0,402	Spuren
Au	0,008	—	—	—	1,11
Pb	0,067	0,019	—	—	0,86
Fe	0,03	0,009	—	—	0,19
Ni	0,46	0,14	—	—	2,3
Mn	Spuren	Spuren	—	—	—

Das Kathodenkupfer enthielt also Arsen, Antimon und Silber. Die anderen Verunreinigungen des Rohkupfers gingen bis auf Gold größtenteils in Lösung.

Mehr als die prozentuale Zusammensetzung der einzelnen Stoffe drückt eine Übersicht aus, aus der hervorgeht, wie sich die Verunreinigungen ihrer Menge nach auf den Elektrolyten, den Schlamm und das Kathodenkupfer verteilen. Im Kathodenkupfer sind allerdings die Mengen nicht direkt anzugeben, da es je nach der Art der Abscheidung verschiedene Zusammensetzung hatte. (Siehe Kathodenkupfer I und II.) Man erhält aber z. B. leicht die Menge des mit dem Kupfer abgeschiedenen Antimons aus der Differenz der im gelösten Anodenkupfer enthaltenen Antimonmenge und derjenigen, die im Elektrolyten und Schlamm insgesamt enthalten sind. Berücksichtigt man ferner, daß

1. 669,4 g Rohkupfer an der Anode gelöst worden sind,
2. der Elektrolyt ein Volumen von 2,1 l einnimmt und
3. der getrocknete Schlamm 5,22 g wog,

so ergibt sich unter Anwendung obiger Berechnungsmethode folgende Tabelle:

Metall	Gelöstes Rohkupfer g	Elektrolyt g	Schlamm g	Kathodenkupfer g
As	3,39	0,798	2,42	0,128
Sb	2,00	0,396	0,20	1,416
Sn	1,30	1,01	0,21	—
Ag	2,55	Spuren	Spuren	2,54
Au	0,056	—	0,058	—
Pb	0,45	0,40	0,045	—
Fe	0,20	0,19	0,01	—
Ni	3,08	2,94	0,12	—

Der Versuch führt also zu der Erkenntnis, daß eine Kupferraffination in Kupferchlorürlösung nicht ohne weiteres möglich ist. Neben Kupfer werden Arsen, Antimon

---

[1]) Kerl-Krug: Probierbuch.

und Silber an der Kathode mit abgeschieden. Wismut, das meist auch im Rohkupfer enthalten ist, wird in einer Lösung von der Zusammensetzung:

3-n-NaCl,
0,25-n-HCl,
0,33-n-BiCl$_3$

durch Kupfer zementiert. Auch dieses Metall wird daher das Kathodenkupfer verunreinigen.

Bei der Raffination des Kupfers wird großer Wert darauf gelegt, neben reinem Kupfer die im Rohkupfer enthaltenen Edelmetalle zu gewinnen. Wie nachgewiesen wurde, geht das Silber mit in den Kathodenniederschlag, das Gold in den Anodenschlamm. Da das oben verwendete Anodenmaterial nur winzige Mengen dieses Metalles enthielt, so hätten vielleicht Spuren bei der Analyse der Beobachtung entgangen sein können. Es wurde daher das Verhalten des Goldes einer besonderen Prüfung unterzogen.

Fügte man einer Lösung von Goldchloridchlorwasserstoffsäure geringe Mengen Kupferchlorür zu, so entstand ein Niederschlag von Gold, d. h. die Goldverbindung wurde durch Kupferchlorür zu Gold reduziert. In einem kleinen Versuche wurde nachgewiesen, daß die Fällung quantitativ erfolgt.

Je 100 ccm einer Lösung von Goldchlorwasserstoffsäure wurden einmal mit einer Lösung von Mohrschem Salz und ein anderes Mal mit einer Kupferchlorürlösung versetzt. Es wurde gefunden:

im 1. Falle 0,6320 g Au,
im 2. Falle 0,6325 g Au.

Aus den obigen Untersuchungen geht hervor, daß man die Metalle ihrem kathodischen Verhalten nach in zwei Gruppen einteilen kann:

1. die Metalle sind unedler als Kupfer und gehen größtenteils in den Elektrolyten über. Zu ihnen gehören Nickel, Kobalt, Eisen, Mangan.

2. Die Metalle sind edler als Kupfer.

a) Sie gehen in Lösung und werden an der Kathode mit dem Kupfer abgeschieden. Dazu gehören: Wismut, Antimon, Arsen und Silber.

b) Das Metall wird an der Anode nicht gelöst. Vertreter ist Gold.

Bei der Elektrolyse in Kupfersulfatlösung werden die Metalle der Gruppe 2a nicht oder nur in Spuren mit dem Kupfer an der Kathode abgeschieden. Dieses Verhalten findet wahrscheinlich die Erklärung in der Komplexsalzbildung dieser Metalle in Chloridlösung, wodurch das Potential des Metalles einen anderen Wert erhält. Inwiefern Veränderungen eingetreten sind, darüber sollen Potentialmessungen nähere Aufklärung bringen.

V. Die Gleichgewichtspotentiale und die kathodischen Stromdichtepotentialkurven einiger Metalle gegen kochsalzhaltige und salzsaure Lösungen ihrer Chloride.

Für die Messungen wurde die in Abb. 7 abgebildete Apparatur benutzt. Das Elektrolysiergefäß war ein kleines Akkumulatorenglas mit einer Grundfläche von 5 · 7 cm und 10 cm Höhe, so daß es 250 ccm Elektrolyt faßte. Ein Gummistopfen bewirkte den luftdichten Abschluß des Glases. Um die Lösung vor Oxydation zu

Additional information of this book

(Beiträge zum Studium der Kupferelektrolyse in kupferchlorürhaltigen Elektrolyten; 978-3-662-27818-5; soft ISBN_OSFO2) is provided:

http://Extras.Springer.com

schützen, wurde durch ein Glasrohr Kohlensäure eingeleitet, so daß über dem Elektrolyten stets eine indifferente Gasschicht lag. Aus einer Öffnung konnte auf der entgegengesetzten Seite die Kohlensäure wieder austreten, die noch durch eine Waschflasche strömen mußte. Bei einem Versagen der Kohlensäureentwicklung im Kippschen Apparate wurde dadurch ein Eindringen der Luft verhindert.

Um die Konzentration des im Elektrolyten gelösten Metalles konstant zu halten, war die Versuchsanordnung derart getroffen worden, daß die Elektroden wie bei einer Raffination aus gleichem Metall bestanden. Während der Elektrolyse ging dann an der Anode ebensoviel Metall in Lösung wie an der Kathode abgeschieden wurde. Als Kathode wurde meist ein Metallblech von rechteckigem Format (3,8 · 7 cm) und etwa 0,5 mm Stärke benutzt. Die Anode war ein Blech oder Gußstück von der gleichen Größe und 2 bis 4 mm Stärke. Der dünne Blechstreifen oder Kupferdraht an den Elektroden, der zur Stromführung diente, wurde mit Montanpech isoliert, um ihn vor Einwirkung des Elektrolyten und des Stromes zu schützen. Eine kleine Öffnung im Gummistopfen gestattete die Probenahme aus dem Elektrolyten. Außer einem Thermometer führte, aber mehr in der Mitte des Stopfens, noch ein Glasrührer hindurch, an dessen Durchführungsstelle ein Quecksilberabschluß jegliches Eindringen der Luft verhinderte. Zwischen dem Rührer, der in der Minute etwa 200 Umdrehungen machte, und der Kathode ragte noch ein etwa 3 mm weites Glasrohr zur Aufnahme des Stromschlüssels in die Lösung hinein. Es war am Ende rechtwinklig umgebogen und zu einer feinen Spitze ausgezogen, welche die Vorderseite der Kathode berührte und die Elektrode so fest an die Wand des Gefäßes drückte, daß die Rückseite der Elektrode nicht von den Stromlinien getroffen werden konnte. Sowohl die Kathode als auch die Anode wurden vor jeder Elektrolyse gereinigt bzw. erneuert. Um die Messungen auch bei erhöhter Temperatur ausführen zu können, stand das Elektrolysiergefäß in einem Wasserbad.

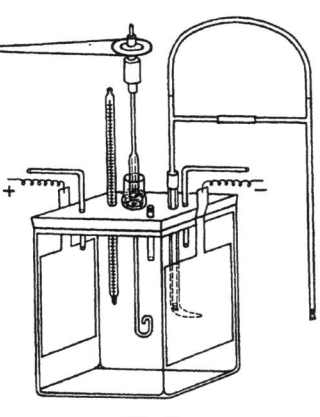

Abb. 7.

Die Potentiale wurden nach der Poggendorfschen Kompensationsmethode unter Benutzung des Kapillarelektrometers als Nullinstrument bestimmt. Als Bezugselektrode diente eine Normalkalomelelektrode, deren Potential mit $+ 0,286$ angenommen wurde. Durch einen Stromschlüssel, der mit einer n-KCl-Lösung gefüllt war, wurde sie mit der Kathode zu einem Element verbunden. Die Schaltung ist aus folgender Skizze (Abb. 8) zu ersehen.

Wie oben wurden Elektrolyten folgender Zusammensetzung benutzt:

3-n-NaCl
0,25-n-HCl } oder 3,25-n-HCl

0,33-n-Chlorid der verschiedenen Metalle.

Da die Löslichkeit von Silberchlorid in einer Kochsalzlösung sehr gering ist, so wurde ein an Silberchlorid gesättigter Elektrolyt angewandt.

Die einzelnen Messungen erfolgten stets in Abständen von 5 Minuten. Neben den Stromdichtepotentialkurven wurde gleichzeitig die Abhängigkeit der Badspannung von der Stromdichte ermittelt. Jeder Elektrolyt wurde vor seiner Verwendung auf die Zusammensetzung hin geprüft.

Die Bestimmung des Salzsäure- und Kupfergehaltes wurde bereits eingehend besprochen.

Die Konzentration an Antimon und Arsen wurde nach der Methode von St. Györy und Nissenson durch Titration mit Kaliumbromat ermittelt. Die Oxydationsvorgänge verlaufen nach folgenden Gleichungen:

$$3 Sb_2O_3 + 2 KBrO_3 + 2 HCl = 2 KCl + 2 HBr + 3 Sb_2O_5$$

und

$$3 As_2O_3 + 2 KBrO_3 + 2 HCl = 2 KCl + 2 HBr + 3 As_2O_5$$

Das Silber wurde wie üblich gravimetrisch als Silberchlorid bestimmt. Da im Elektrolyten nur wenig Silberchlorid gelöst war, wurden 200 ccm zur Analyse verwandt. Das Natriumchlorid der Lösung wurde durch Abrauchen mit Schwefelsäure in Sulfat übergeführt, so daß sich das Silberchlorid beim Auffüllen mit verdünnter Salpetersäure in weißen Flocken ausschied.

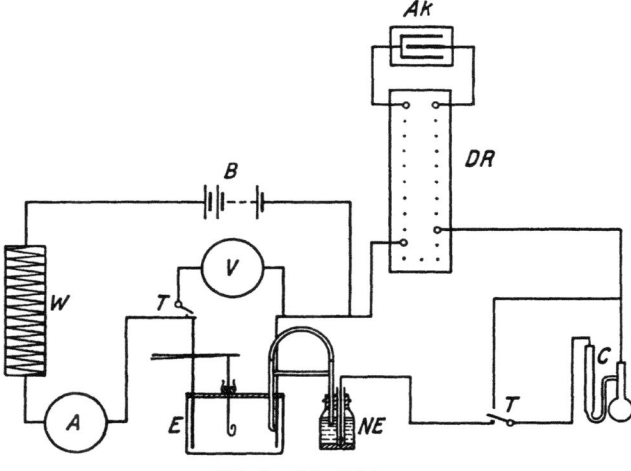

Abb. 8. Schaltskizze.

B = Batterie; T = Taster;
W = Widerstand; NE = Normalelektrode;
A = Amperemeter; C = Kapillarelektrometer;
V = Voltmeter; DR = Dekadenrheostat;
E = Elektrolysiergefäß; Ak = Akkumulator.

Das Wismut durfte aus der Kochsalzlösung oder der verdünnten Salzsäure nicht mit Ammoniumkarbonat gefällt werden, da sonst gleichzeitig auch Wismutoxychlorid abgeschieden worden wäre. Infolge seiner Flüchtigkeit beim Glühen des Niederschlages hätte man zu niedrige Werte für den Wismutgehalt des Elektrolyten gefunden. Es wurde daher das Wismut zunächst mit Schwefelwasserstoff gefällt und das Sulfid in Salpetersäure gelöst. Aus dieser Lösung wurde es als basisches Wismutkarbonat gefällt und der Niederschlag als Wismutoxyd (Bi_2O_3) gewogen.

a) Das kathodische Verhalten des Kupfers.

Die Versuche wurden in Kochsalzlösung und verdünnter Salzsäure bei 20° und 45° ausgeführt. Der Elektrolyt hatte die Zusammensetzung:

3-n-NaCl oder HCl,
0,25-n-HCl,
0,33-n-CuCl.

Die Lösungen waren stets frei von Kupferchlorid. Als Elektroden dienten Elektrolytkupferbleche gleicher Größe (wirksame Fläche $0{,}38 \cdot 0{,}7$ dm = 0,266 dm²). Die Stärke der Anode betrug 2 mm, die der Kathode hingegen nur etwa 0,2 mm. Nach jedem Versuch wurde das Kathodenblech erneuert, da das Kupfer sich bei hohen

Stromdichten knospig abgeschieden hatte. Der Elektrodenabstand blieb konstant 5 cm. Vor Beginn einer jeden Elektrolyse wurden die Gleichgewichtspotentiale des Kupfers gegen die Kupferchlorürlösung gemessen.

Versuch 1.

Elektrolyt: 3-n-NaCl, 0,25-n-HCl, 0,33-n-CuCl.
Temperatur: 19°.

Stromdichte Amp./m²	Badspannung in Volt	Kathodenpotential	
—	—	+ 0,090	kein Rühren der Lösung
25	0,07	+ 0,072	
50	0,13	+ 0,070	
75	0,18	+ 0,070	
100	0,24	+ 0,069	
150	0,35	+ 0,066	
200	0,47	+ 0,064	
250	0,61	+ 0,061	Rühren des Elektrolyten
300	0,77	+ 0,058	
350	0,94	+ 0,055	
400	1,03	+ 0,056	
450	1,13	+ 0,053	
500	1,24	+ 0,050	

Bei der Stromdichte $D_k = 250$ Amp./m² bildete sich auf der Anode eine Schicht von brauner Farbe, die erst verschwand, als sich der Elektrolyt bei $D_k = 450$ Am.p/m² gelb färbte. Da eine durch winzige Mengen Kupferchlorid verunreinigte Kupferchlorürlösung stets die gleiche Färbung zeigte, so muß man die Bildung von Cupriionen als Ursache annehmen (Cupriionen wurden auch nach der Jodidmethode nachgewiesen). Die braune Anodenschicht bestand wahrscheinlich aus Cuprioxyd, das sofort beim Entstehen von Kupferchlorid in Lösung ging.

$$CuO + CuCl_2 = 2\,CuCl + O\,.$$

Mit der Bildung dieser Schicht war ein Anstieg der Badspannung verknüpft, die erst nach deren Verschwinden wieder abnahm.

Versuch 2.

Elektrolyt: siehe Versuch 1.
Temperatur: 45°—50°.

Stromdichte Amp./m²	Badspannung in Volt	Kathodenpotential E_h in Volt	Temperatur	
—	—	+ 0,08	47,5°	kein Rühren der Lösung
25	0,05	+ 0,066	48°	
50	0,085	+ 0,064	46,5°	
75	0,135	+ 0,064	46,0°	
100	0,165	+ 0,064	46,5°	
150	0,245	+ 0,064	46°	
200	0,33	+ 0,063	46,5°	
250	0,40	+ 0,062	47°	Rühren des Elektrolyten
300	0,47	+ 0,060	46°	
350	0,55	+ 0,059	45°	
400	0,63	+ 0,057	46°	
450	0,70	+ 0,058	47°	
500	0,78	0,059	45,5°	

Es trat kein Dunkeln der Anode und keine Gelbfärbung des Elektrolyten ein. Da der Elektrolyt etwas eindampfte, mußte er einige Male mit Wasser wieder aufgefüllt werden. Die Badspannung stieg mit der Stromdichte gradlinig an.

Die nächsten beiden Versuche haben als Elektrolyten eine salzsaure Kupferchlorürlösung.

Versuch 3.
Elektrolyt: 3,25-n-HCl, 0,33-n-CuCl.
Temperatur:

Stromdichte Amp./m²	Badspannung in Volt	Kathodenpotential E_h in Volt	
—	—	+ 0,037	kein Rühren der Lösung
25	0,04	+ 0,019	
50	0,06	+ 0,017	
75	0,08	+ 0,016	
100	0,10	+ 0,014	
150	0,14	+ 0,011	
200	0,19	+ 0,006	Rühren des Elektrolyten
250	0,32	+ 0,003	
300	0,53	+ 0,003	
350	0,56	— 0,010	
400	0,62	— 0,016	
450	0,63	— 0,011	
500	0,67	— 0,010	

Bei der Stromdichte $D_k = 250$ Amp./m² überzog sich die Anode mit einer braunen Schicht, die erst verschwand, als die Bildung der Cupriionen bei $D_k = 350$ Amp./m² einsetzte. Auffallend ist das Ansteigen der Potentiale von der Stromdichte $D_k = 400$ Amp./m² ab. Wahrscheinlich beruht dies auf dem Vorhandensein von Cupriionen im Elektrolyten.

Versuch 4.
Elektrolyt: siehe Versuch 3.
Temperatur: 45—48°.

Stromdichte Amp./m²	Badspannung in Volt	Kathodenpotential E_h in Volt	Temperatur	
—	—	+ 0,028	45°	kein Rühren der Lösung
25	0,03	+ 0,02	45°	
50	0,04	+ 0,017	46°	
75	0,055	+ 0,017	46°	
100	0,07	+ 0,016	46°	
150	0,09	+ 0,014	47°	
200	0,12	+ 0,012	47°	
250	0,145	+ 0,011	46°	Rühren des Elektrolyten
300	0,17	+ 0,009	45°	
350	0,195	+ 0,008	46°	
400	0,22	+ 0,006	47,5°	
450	0,245	+ 0,004	47,5°	
500	0,27	+ 0,003	46,5°	

Auf der Anode entstand keine braune Schicht, Cupriionen bildeten sich auch nicht. Der gradlinige Verlauf der Stromdichtespannungskurve ließ erkennen, daß die Elektrolyse ohne irgendwelche Störungen verlaufen war.

Die vier Versuche geben ein klares Bild von den Vorgängen während der Kupferelektrolyse in kupferchlorürhaltigem Elektrolyten. — Bei Zimmertemperatur bildet sich auf der Anode zwischen den Stromdichten

$$D_k = 250 \text{ Amp./m}^2 \quad \text{und} \quad D_k = 400 \text{ Amp./m}^2.$$

eine braune Schicht, die aber sofort verschwindet, sobald Cupriionen auftreten. Diese Schicht ist anscheinend Cuprioxyd, welches durch das entstehende Kupferchlorid wieder in Lösung gebracht wird. Gleichzeitig beobachtet man ein Ansteigen der Bad-

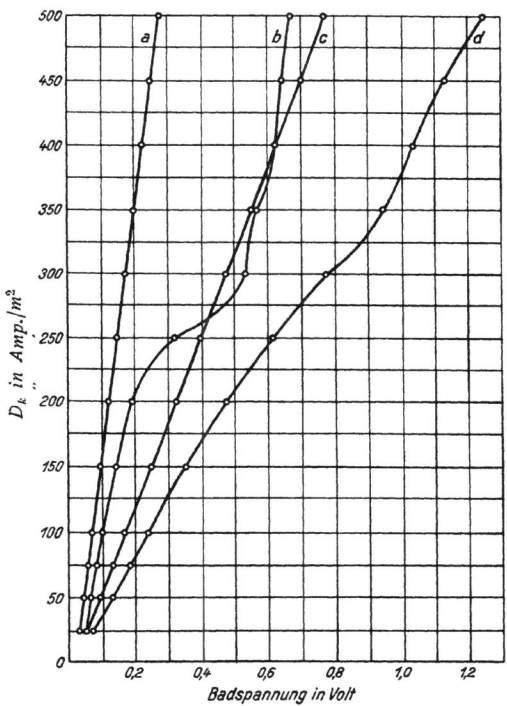
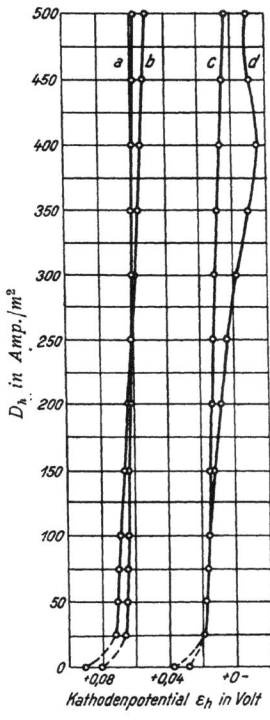

Abb. 9. Stromdichtespannungskurven von Cu in Kupferchlorür-Kochsalzlösung und in Kupferchlorür-Salzsäurelösung.

a = CuCl in 3-n-HCl bei 45—48°,
b = CuCl in 3-n-HCl bei 22°,
c = CuCl in 3-n-NaCl bei 45—48°,
d = CuCl in 3-n-NaCl bei 19°.

Abb. 10. Kathodische Stromdichtepotentialkurven von Cu in Kupferchlorür-Kochsalzlösung und in Kupferchlorür-Salzsäurelösung.

a = CuCl in 3-n-NaCl bei 45—48°,
b = CuCl in 3-n-NaCl bei 19°,
c = CuCl in 3-n-HCl bei 45—48°,
d = CuCl in 3-n-HCl bei 22°.

spannung (Abb. 9). Diese ganzen Erscheinungen bleiben nur auf die Elektrolyse bei Zimmertemperatur beschränkt. Zu irgendwelchen Störungen dürfte die Bildung der Anodenschicht und der Cupriionen bei der Anwendung der Kupferelektrolyse in der Technik wohl kaum führen, da diese erst oberhalb der Stromdichte $D_k = 250$ Amp./m² auftritt, also bei einer Stromdichte, die für die Abscheidung eines guten Kathodenkupfers überhaupt nicht mehr in Betracht kommt.

Aus der Lage der Stromdichtepotentialkurven (Abb. 10) geht hervor, daß die Potentiale des Kupfers in verdünnter Salzsäure unedler sind als in Kochsalzlösung.

Temperaturzunahme des Elektrolyten bewirkt in beiden Fällen eine geringe Verschiebung der Potentiale nach der negativen Seite hin, gleichzeitig tritt eine Verminderung der Polarisation ein, was daraus ersichtlich ist, daß bei 45° der Anstieg der Kurven erheblich steiler ist als bei 20°. Die Folge davon ist, daß sich die Stromdichtepotentialkurven von 45° und die von 20° kreuzen. Der Schnittpunkt liegt in Kochsalzlösung bei der Stromdichte $D_k = 250$ Amp./m² und in verdünnter Salzsäure bei $D_k = 50$ Amp./m².

Als Gleichgewichtspotentiale wurden folgende Werte ermittelt:

Metall/Lösung	Temperatur 20°	45°
Cu/0,33-n-CuCl in 3-n-NaCl	+ 0,09 V.	+ 0,08 V.
Cu/0,33-n-CuCl in 3-n-HCl	+ 0,037 V.	+ 0,028 V.

Eingehende Untersuchungen über das anodische Verhalten des Kupfers findet man in der Arbeit von Walter Kilp[1] „Über den Einfluß des Antimons bei der elektrolytischen Raffination des Kupfers in Natrium-Cuprochloridlösung". Verfasser beobachtete die gleichen Erscheinungen bei der Elektrolyse von Kupferchlorürlösungen, die Alkali- bzw. Erdalkalichloride gelöst enthielten.

b) Das kathodische Verhalten des Wismuts.

Irgendwelche Änderung der Versuchsapparatur wurde nicht vorgenommen. Zur Herstellung des Elektrolyten wurden 29 g reines Wismutoxychlorid in Kochsalzlösung oder in verdünnter Salzsäure gelöst, so daß er folgende Zusammensetzung hatte:

3-n-NaCl
0,25-n-HCl   oder   3,25-n-HCl .
0,33-n-BiCl$_3$

Das Wismutoxychlorid wurde derart gewonnen, daß reines Wismut (Marke Kahlbaum) in Königswasser gelöst und die Flüssigkeit mehrmals mit konzentrierter Salzsäure eingedampft wurde. Als Anode diente eine kleine aus reinem Wismut gegossene Platte, in die ein Kupferdraht zwecks Stromzuführung eingeschmolzen war. Der Draht und die Wismutplatte wurden mit Montanpech so isoliert, daß nur eine genau berechnete Fläche (0,38 × 0,6 dm = 0,228 dm²) den Austritt des Stromes gestattete. Die grobe Kristallstruktur des Wismuts, die seine Sprödigkeit bedingt, machte es unmöglich, dünne Bleche auszuwalzen. Als Kathoden wurden daher Elektrolytkupferbleche benutzt, auf denen man Wismut durch Zementation aus einer heißen konzentrierten Wismutchloridlösung niederschlug. Die Gleichgewichtspotentiale wurden stets an reinem Wismut gemessen. Da der Wismutüberzug auf den Kupferblechen wahrscheinlich nicht dicht ist, so wurden bei den Bestimmungen für die Stromdichtepotentialkurven die Kathoden unter Strom in das Bad eingesetzt. Ihre Rückseite wurde außerdem mit einer dünnen Schicht von Montanpech bedeckt. Der Elektrodenabstand betrug stets 6,5 cm.

Versuch 5.
Elektrolyt: 3-n-NaCl, 0,6-n-HCl, 0,33-n-BiCl$_2$.
Temperatur: 20,5°.

---

[1] W. Kilp: Dissertation, Stuttgart 1923.

Stromdichte Amp./m²	Badspannung in Volt	Kathodenpotential E_h in Volt	
—	—	+ 0,078	kein Rühren der Lösung
25	0,07	+ 0,064	
50	0,10	+ 0,063	
75	0,17	+ 0,062	
100	0,22	+ 0,061	
150	0,32	+ 0,060	
200	0,42	+ 0,059	
250	0,52	+ 0,057	Rühren des Elektrolyten
300	0,60	+ 0,056	
350	0,69	+ 0,056	
400	0,77	+ 0,055	
450	0,86	+ 0,054	
500	0,93	+ 0,053	

Das Wismut wurde als glatter grauer Niederschlag an der Kathode abgeschieden. Von der Stromdichte $D_k = 300$ Amp./m² ab schlug sich schwarzes Wismutpulver nieder. Bei der Stromdichte $D_k = 400$ Amp./m² war die Kathode ganz schwarz. Der nur lose anhaftende Schwamm fiel leicht ab. An der Anode bildete sich kein Schlamm. Das grobkristalline Gefüge des Metalles trat deutlich hervor.

Versuch 6. Elektrolyt: 3-n-NaCl, 0,6-n-HCl, 0,33-n-BiCl₃. Temperatur: 45°—47°.

Stromdichte Amp./m²	Badspannung in Volt	Kathodenpotential E_h in Volt	Temperatur	
—	—	+ 0,079	45°	kein Rühren der Lösung
25	0,05	+ 0,069	45,5°	
50	0,075	+ 0,068	45,5°	
75	0,11	+ 0,066	45°	
100	0,15	+ 0,065	45°	
150	0,21	+ 0,065	46,5°	
200	0,27	+ 0,064	47°	
250	0,33	+ 0,063	45,5°	Rühren des Elektrolyten
300	0,39	+ 0,063	47°	
350	0,45	+ 0,063	46,5°	
400	0,51	+ 0,062	46°	
450	0,57	+ 0,062	46°	
500	0,62	+ 0,061	45°	

Auf der Kathode schied sich graues Wismut ab. Erst bei der Stromdichte $D_k = 500$ Amp./m² bildeten sich kleine Knöllchen aus schwarzem Metallpulver. Die Anode blieb stets blank und ging ohne Schlammbildung in Lösung.

Versuch 7. Elektrolyt: 3,25-n-HCl, 0,35-n-BiCl₃. Temperatur: 21°.

Stromdichte Amp./m²	Badspannung in Volt	Kathodenpotential E_h in Volt	
—	—	+ 0,039	kein Rühren der Lösung
25	0,05	+ 0,020	
50	0,07	+ 0,018	
75	0,09	+ 0,017	
100	0,11	+ 0,016	
150	0,15	+ 0,016	
200	0,18	+ 0,013	
250	0,22	+ 0,013	Rühren des Elektrolyten
300	0,26	+ 0,013	
350	0,3	+ 0,013	
400	0,33	+ 0,013	
450	0,37	+ 0,011	
500	0,4	+ 0,010	

Das Wismut schlug sich anfangs als graues Metall auf der Kathode nieder. Von der Stromdichte $D_k = 300$ Amp./m² wurde das Wismut zusehends dunkler, bis es pulverig und schließlich schwammig von schwarzer Farbe wurde. Die Anode blieb ohne Schlamm und zeigte grobe Kristallstruktur.

Versuch 8.
Elektrolyt: 3,25-n-HCl, 0,33-n-BiCl₃.
Temperatur: 45°—47°.

Stromdichte Amp./m²	Badspannung in Volt	Kathodenpotential E_h in Volt	Temperatur	
—	—	+ 0,042	45°	kein Rühren der Lösung
25	0,03	+ 0,31	46°	
50	0,04	+ 0,028	47°	
75	0,055	+ 0,027	47,5°	
100	0,07	+ 0,024	47°	
150	0,1	+ 0,021	46°	
200	0,13	+ 0,021	46°	Rühren des Elektrolyten
250	0,16	+ 0,019	45°	
300	0,18	+ 0,018	44,5°	
350	0,205	+ 0,018	44,5°	
400	0,225	+ 0,018	45,5°	
450	0,25	+ 0,018	47°	
500	0,26	+ 0,018	47°	

Das an der Kathode abgeschiedene Wismut wurde mit zunehmender Stromdichte dunkler. Die Anode ging ohne Schlammbildung in Lösung.

Die Elektrolyse von Wismut mit löslicher Anode verläuft also ohne jegliche Störung, was auch aus dem gradlinigen Anstieg der Stromdichtespannungskurven (Abb. 11) hervorgeht. Anfangs scheidet sich das Metall als grauer Niederschlag ab, dessen Farbe mit steigender Stromdichte dunkler wird. Bei Zimmertemperatur wird das Kathodenwismut von der Stromdichte $D_k = 300$ Amp./m² an schwarz durch Bildung von Metallpulver bzw. -schwamm. Erwärmen des Elektrolyten verzögert die Abscheidung von schwammigem Wismut, so daß sich erst bei der Stromdichte $D_k = 500$ Amp./dm² (Versuch 6) einige schwarze Flecken auf der Kathode bilden. Für obige Bobachtungen gilt die Voraussetzung, daß die Rührgeschwindigkeit konstant bleibt (200 bis 240 Umdrehungen des Rührers in der Minute). Tritt nämlich irgendwie eine Störung in der Rührung auf, so scheidet sich das Wismut bereits bei niedrigeren Stromdichten als schwarzes Pulver ab.

Als Gleichgewichtspotentiale wurden folgende Werte ermittelt:

Metall/Lösung	Temperatur	
	20°	45°
Bi/0,33-n-BiCl₃ in 3-n-NaCl	+ 0,078	+ 0,079
Bi/0,33-n-BiCl₃ in 3-n-HCl	+ 0,039	+ 0,042

Wie beim Kupfer sind auch hier die Potentiale in salzsaurer Lösung unedler als in kochsalzhaltiger. Der steile Verlauf der Stromdichtepotentialkurven (Abb. 12) sowohl bei 20° als auch bei 45° läßt deutlich erkennen, daß die Polarisation in beiden Fällen nur äußerst gering ist. Irgendwelche Schichtenbildung auf den Elektroden tritt nicht auf, weshalb auch die Stromdichtespannungskurven gradlinig ansteigen (siehe Abb. 11).

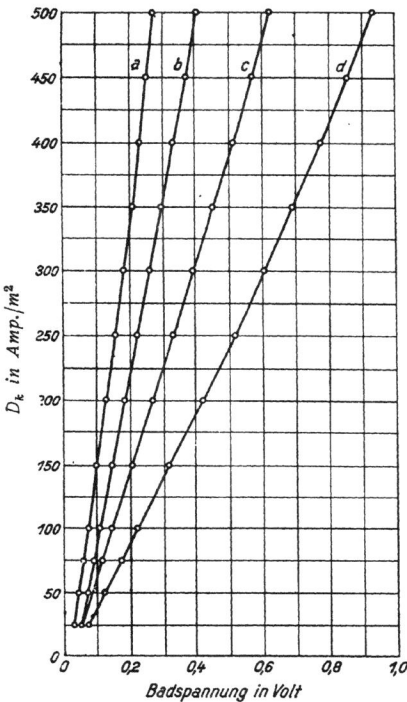 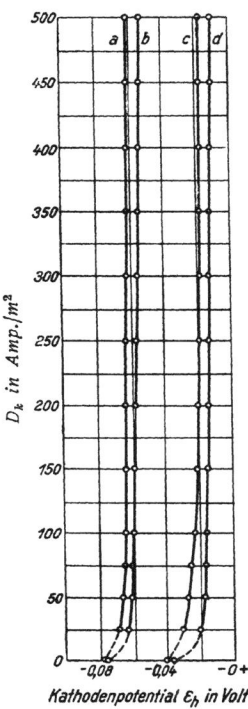

Abb. 11. Stromdichtespannungskurven von Bi in Wismutchlorid-Kochsalzlösung und in Wismutchlorid-Salzsäurelösung.

$a =$ BiCl$_3$ in 3-n-HCl bei 45°.
$b =$ BiCl$_3$ in 3-n-HCl bei 21°.
$c =$ BiCl$_3$ in 3-n-NaCl bei 45°.
$d =$ BiCl$_3$ in 3-n-NaCl bei 20,5°.

Abb. 12. Kathodische Stromdichtepotentialkurven von Bi in Wismutchlorid-Kochsalzlösung und in Wismutchlorid-Salzsäurelösung.

$a =$ BiCl$_3$ in 3-n-NaCl bei 45°.
$b =$ BiCl$_3$ in 3-n-NaCl bei 20,5°.
$c =$ BiCl$_3$ in 3-n-HCl bei 45°.
$d =$ BiCl$_3$ in 3-n-HCl bei 21°.

c) Das kathodische Verhalten des Antimons.

Wegen des groben Kristallgefüges war es auch beim Antimon unmöglich, dünne Bleche herzustellen. Sowohl Kathode als auch Anode waren daher gegossene Platten aus reinem Antimon (purissimum von Merck). Als Stromzuführung diente ein eingeschmolzener Kupferdraht. Da die Platten etwa 3 bis 4 mm stark waren, wurden deren Ränder und Rückseiten mit Montanpech bestrichen, so daß nur eine rechteckige Fläche (0,38 · 0,5 dm = 0,19 dm²) übrigblieb, die den Stromübergang in den Elektrolyten gestattete. Die Entfernung der Elektroden voneinander betrug 5 cm. Der Elektrolyt wurde durch Auflösen von reiner Antimonbutter (Kahlbaum) in einer salzsauren Kochsalzlösung bzw. verdünnter Salzsäure hergestellt.

Die Lösung hatte die Zusammensetzung:

3-n-NaCl,
1,25-n-HCl,
0,22-n-SbCl

Die Messungen der Gleichgewichtspotentiale wurden an dem elektrolytisch abgeschiedenen Antimon vorgenommen.

Versuch 9.
Elektrolyt: 3-n-NaCl, 0,25-n-HCl, 0,33-n-SbCl$_3$.
Temperatur: 20°.

Stromdichte Amp./m²	Badspannung in Volt	Kathodenpotential E_h in Volt	
—	—	+ 0,131	kein Rühren der Lösung
25	0,14	+ 0,867	
50	0,19	+ 0,058	
75	0,24	+ 0,055	
100	0,29	+ 0,054	
150	0,37	+ 0,049	Rühren des Elektrolyten
200	0,45	+ 0,044	
250	0,53	+ 0,041	
300	0,61	+ 0,038	
350	0,68—0,74	+ 0,033	
400	0,9—1,1	schwankende Werte	

Die Werte für E_h schwankten bei den letzten Messungen sehr stark. Bei der Stromdichte $D_k = 400$ Amp./m² war es aber gänzlich unmöglich, brauchbare Werte zu erhalten. Der Versuch wurde daher bei dieser Stromdichte abgebrochen.

Anfangs schied sich bläulich weißes Antimon an der Kathode ab. Von der Stromdichte $D_k = 250$ Amp./m² ab begann der Niederschlag schwammig zu werden. Die Anode wurde stark angefressen, was auf ein ungleichmäßiges Lösen hinwies. Feines, bläulich weißes Antimonpulver war von der Anode abgefallen und lag auf dem Boden des Elektrolysiergefäßes. Die Badspannung stieg mit der Stromdichte gradlinig an.

Versuch 10.
Elektrolyt: 3-n-NaCl, 0,25-n-HCl, 0,33-n-SbCl$_3$.
Temperatur: 45° bis 46°.

Stromdichte Amp./m²	Badspannung in Volt	Kathodenpotential E_h in Volt	Temperatur	
—	—	+ 0,12	45,5°	kein Rühren der Lösung
25	0,1	+ 0,080	46°	
50	0,14	+ 0,078	46°	
75	0,17	+ 0,076	46°	
100	0,20	+ 0,075	45,5°	
150	0,25	+ 0,073	45°	
200	0,31	+ 0,071	45°	Rühren des Elektrolyten
250	0,36	+ 0,069	45°	
300	0,42	+ 0,067	45,5°	
350	0,47	+ 0,065	45°	
400	0,52	+ 0,064	45°	
450	0,57	+ 0,063	45°	
500	0,61	+ 0,061	45,5°	

Von der Stromdichte $D_k = 350$ Amp./m² ab begann das an der Kathode abgeschiedene bläulich weiße Antimon dunkler zu werden. Schwarzes Metallpulver wurde nicht gebildet. Von der Anode fielen feine Metallflitter auf den Boden des Glasgefäßes.

Versuch 11.
Elektrolyt: 3,25-n-HCl, 0,33-n-SbCl$_3$.
Temperatur: 20°.

Stromdichte Amp./m²	Badspannung in Volt	Kathodenpotential E_h in Volt	
—	—	+ 0,101	kein Rühren der Lösung
25	0,12	+ 0,034	
75	0,19	+ 0,025	
100	0,215	+ 0,021	
150	0,26	+ 0,016	
200	0,30	+ 0,013	
250	0,35	+ 0,009	Rühren des Elektrolyten
300	0,39	+ 0,005	
350	0,43	+ 0,000	
400	0,47	+ 0,002	
450	0,55	— 0,003	
500	0,53	— 0,005	

Das Antimon schied sich als bläulich weißes Metall auf der Kathode ab. Von der Stromdichte $D_k = 350$ Amp./m² ab wurde der Niederschlag pulverig bis schwammig und nahm dabei eine schwarze Farbe an. An der Anode ging das Antimon ungleich in Lösung, so daß die Fläche höckerig wurde. Feiner Metallstaub lag auf dem Boden des Elektrolysiergefäßes.

Versuch 12.
Elektrolyt: 3,25-n-HCl, 0,33-n-SbCl$_3$.
Temperatur: 45° bis 48°.

Stromdichte Amp./m²	Badspannung in Volt	Kathodenpotential E_h in Volt	Temperatur	
—	—	+ 0,091	45°	kein Rühren der Lösung
25	0,1	+ 0,051	45°	
50	0,11	+ 0,049	46°	
75	0,133	+ 0,048	47°	
100	0,14	+ 0,047	47°	
150	0,17	+ 0,044	45,5°	
200	0,20	+ 0,042	45,5°	Rühren des Elektrolyten
250	0,22	+ 0,040	46°	
300	0,25	+ 0,038	44°	
350	0,27	+ 0,037	45,5°	
400	0,29	+ 0,036	48,5°	

500 Die Rührung versagte. Sofort schied sich schwammiges Antimon an der Kathode ab. Das Potential war bedeutend negativer geworden. Es wurde daher auch Wasserstoff entwickelt.

Bei störungsfreier Rührung trat keine Abscheidung von losem, schwarzem Metallschwamm an der Kathode auf. Von der Anode, die stark angefressen wurde, war bläulich weißes Antimonpulver abgefallen.

Wie bei anderen Metallen wird mit höheren Stromdichten der glatte Niederschlag pulverig bis schwammig. Seine Farbe geht dabei in schwarz über. Diese Art der Abscheidung erfolgt nur bei Zimmertemperatur von der Stromdichte $D_k = 350$ Amp./m² ab. Charakteristisch für Antimon ist aber das Verhalten der Anode während der Elektrolyse. Das Metall geht ungleich in Lösung, so daß die Anodenoberfläche sehr höckerig ist. Diejenigen feinen Antimonkristalle, die sich schwer lösen, fallen schließlich als feiner Metallstaub zu Boden. Aus dem geradlinigen Anstieg der Stromdichtespannungskurven (Abb. 13) kann man die Folgerung ziehen, daß während der Elektrolyse keine Nebenreaktionen Anlaß zu Störungen geben.

Für die Gleichgewichtspotentiale ergaben sich folgende Werte:

Metall|Lösung	Temperatur	
	20°	45°
Sb/0,33-n-SbCl$_3$ in 3-n-NaCl	+ 0,131	+ 0,12
Sb/0,33-n-SbCl$_3$ in 3-n-HCl	+ 0,101	+ 0,091

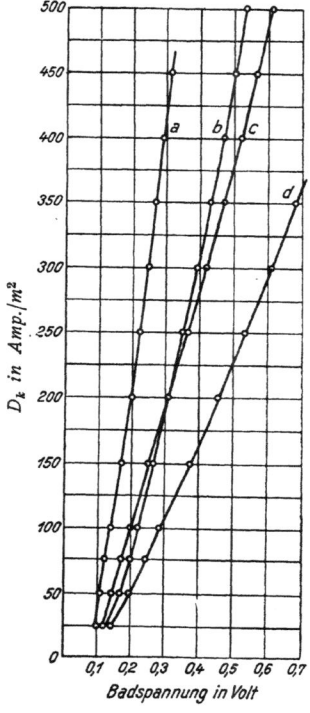
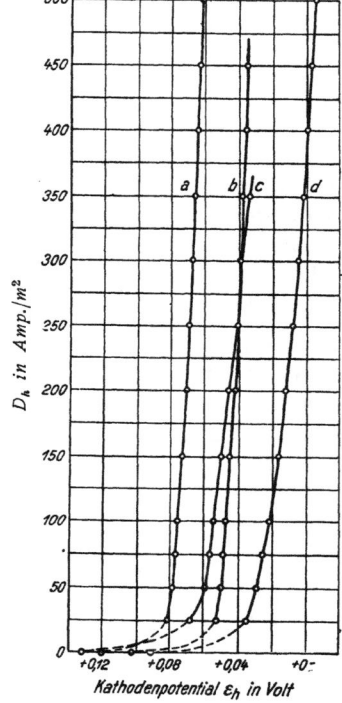

Abb. 13. Stromdichtespannungskurven von Sb in Antimontrichlorid-Kochsalzlösung und in Antimontrichlorid-Salzsäurelösung.
a = SbCl$_3$ in 3-n-HCl bei 45°.
b = SbSl$_3$ in 3-n-HCl bei 20°.
c = SbCl$_3$ in 3-n-NaCl bei 45°.
d = SbCl$_3$ in 3-n-NaCl bei 20°.

Abb. 14. Kathodische Stromdichtepotentialkurven von Sb in Antimontrichlorid-Kochsalzlösung und in Antimontrichlorid-Salzsäurelösung.
a = SbCl$_3$ in 3-n-NaCl bei 45°.
b = SbCl$_3$ in 3-n-HCl bei 45°.
c = SbCl$_3$ in 3-n-NaCl bei 20°.
d = SbCl$_3$ in 3-n-HCl bei 20°.

In salzsaurer Lösung sind die Potentiale unedler als in kochsalzhaltiger. Temperaturzunahme bewirkt nur eine kleine Verschiebung nach der Seite der unedlen Potentiale und zugleich eine Abnahme der Polarisation, da die Stromdichtepotentialkurven (Abb. 14) bei 45° viel steiler verlaufen als bei 20°. Kathodische Stromdichtepotentialkurven des Antimons in gesättigter Kochsalzlösung, die $^1/_{10}$ Mol. Antimontrichlorid enthielten, sowie die Abscheidung von Antimon bei der Kupferelektrolyse in kupferchlorürhaltigem Elektrolyten hat Kilp in seiner bereits obenerwähnten Arbeit untersucht

d) **Das kathodische Verhalten von Silber.**

Da sich bekanntlich Silberchlorid äußerst wenig in einer 3-n-NaCl-Lösung oder in verdünnter Salzsäure löst, so wurde ein Elektrolyt benutzt, der bei Zimmertemperatur an Silberchlorid gesättigt war. Die Lösung wurde derart hergestellt, daß zu einer 3-n-NaCl-Lösung oder zu einer dreifach normalen Salzsäure frisch gefälltes Silberchlorid im Überschuß zugefügt wurde, so daß es stets als Bodenkörper vorhanden war. Die Lösung blieb etwa 5 Tage stehen und wurde häufig geschüttelt. Die Elektroden bestanden aus Elektrolytsilber, das nach dem Verfahren von Möbius hergestellt worden war. Als Anode wurde eine Platte von 2 mm Stärke, als Kathode ein dünnes, etwa 0,3 mm starkes Blech verwendet. Die wirksame Fläche hatte bei beiden Elektroden die Größe $0{,}38 \cdot 0{,}7$ dm². Anode und Kathode waren 5 cm voneinander entfernt.

Versuch 13.
Elektrolyt: 3-n-NaCl, 0,25-n-HCl, 0,0011-n-AgCl.
Temperatur: 19°.

Stromdichte Amp./m²	Badspannung in Volt	Kathodenpotential E_h in Volt	
—	—	+ 0,192	kein Rühren der Lösung
25	1,00	— 0,625	
50	1,77—1,91	— 0,625	
75	3,1	— 0,634	
100	3,45	— 0,634	Rühren des Elektrolyten
150	4,4	— 0,631	
200	3,0—5,2	— 0,628	
250	5,3	— 0,612	

Beim Einschalten des Stromes trat an den Elektroden lebhafte Gasentwicklung auf, die mit Erhöhung der Stromdichte an Intensität zunahm. An der Kathode schied sich neben Wasserstoff anfangs weißes Silber ab, das beim Anwachsen der Stromdichte sich dunkler färbte und schließlich als grauer Schwamm niedergeschlagen wurde. Die abgeschiedene Silbermenge blieb aber gering. Die Anode bedeckte sich unter Chlorentwicklung mit einer violett gefärbten Schicht von Silberchlorid (löslich in konzentrierter Ammoniaklösung), die mit Elektrolysendauer an Stärke zunahm, so daß die Spannung beträchtlich anstieg. Die Werte schwankten stark, wohl infolge ungleichmäßiger Ausbildung der Silberchloriddecke. Die Stromdichtepotentialkurve nimmt einen eigenartigen Verlauf, denn die Potentiale werden mit steigender Stromdichte edler (siehe Abb. 16).

Versuch 14.
Elektrolyt: wie bei Versuch 13.
Temperatur: 45° bis 47°.

Stromdichte Amp./m²	Badspannung in Volt	Kathodenpotential E_h in Volt	Temperatur	
—	—	+ 0,179	45°	kein Rühren der Lösung
25	0,77	— 0,538	47,5°	
50	0,89—0,94	— 0,553	47°	
75	1,12—1,26	— 0,559	45°	
100	2,81	— 0,554	46°	Rühren des Elektrolyten
150	5,3	— 0,566	47°	
200	10,3—12,5	— 0,566	47°	

Da die Spannung stark anstieg und außerdem sehr schwankte, wurde der Versuch abgebrochen. Allgemein traten dieselben Erscheinungen wie bei Versuch 13 auf.

Versuch 15.
Elektrolyt: 3,25-n-HCl, 0,0008-n-AgCl.
Temperatur: 18,5°.

Stromdichte Amp./m²	Badspannung in Volt	Kathodenpotential E_h in Volt	
—	—	+ 0,139	kein Rühren der Lösung
25	0,64—0,79	— 0,517	
50	2,8	— 0,627	
75	2,9—3,05	— 0,640	
100	3,25	— 0,656	Rühren des Elektrolyten
150	3,4	— 0,642	
200	3,55—4,2	— 0,640	
250	3,95	— 0,628	

Es traten dieselben Erscheinungen wie beim Versuch 13 auf. Bemerkenswert ist die starke Zunahme der Polarisation beim Übergang von der Stromdichte $D_k =$ 25 Amp./m² auf $D_k = 50$ Amp./m².

Versuch 16.
Elektrolyt: 3,25-n-HCl, n-AgCl.
Temperatur: 45° bis 48°.

Stromdichte Amp./m²	Badspannung in Volt	Kathodenpotential E_h in Volt	Temperatur	
—	—	+ 0,127	45°	kein Rühren der Lösung
25	0,65	— 0,496	45°	
50	0,76	— 0,527	47°	
75	1,88—1,98	— 0,535	48°	
100	2,52—2,6	— 0,546	47,5°	Rühren des Elektrolyten
150	4,2	— 0,578	46,5°	
250	2,2—2,65	— 0,581	45°	

Die Elektrolyse verlief wie bei Versuch 14. Die Badspannung schwankte wieder sehr stark infolge der auf der Anode gebildeten Sperrschicht.

Aus den Versuchen 13 bis 16 geht hervor, daß eine Silberelektrolyse in silberchloridhaltiger Kochsalzlösung oder Salzsäure undurchführbar ist. Infolge des äußerst geringen Silbergehaltes im Elektrolyten wird unter lebhafter Wasserstoffentwicklung nur wenig Silber an der Kathode abgeschieden. Anodisch werden Chlorionen entladen, und gleichzeitig bedeckt sich die Elektrode mit einer Schicht aus Silberchlorid. Zwar gehen ursprünglich Silberionen in Lösung, sie bilden aber sofort mit den Chlorionen Silberchlorid, das sich wegen seiner äußerst geringen Löslichkeit als Deckschicht auf der Anode niederschlägt. Diese verhindert teilweise den Übergang von Silberionen aus dem Metall in den Elektrolyten, so daß für die fehlende Silbermenge Chlor entwickelt wird. An der Anode tritt demnach auf:

1. Bildung von Silberchlorid,
2. Entwicklung von Chlor.

Die Badspannung ist daher auch ziemlich hoch und schwankt infolge unregelmäßiger Schichtenbildung sehr stark (siehe Abb. 15).

Da das an der Anode entwickelte Chlor im Elektrolyten etwas löslich ist, so kommt für das Kathodenpotential nunmehr außer dem Abscheidungspotential des Silbers noch das Chlorpotential der Kathode in Betracht. Die Potentiale sind daher folgende:

1. Ag/AgCl in 3-n-NaCl(HCl),
2. $Cl_2/2\ Cl^-$.

Das zweite Potential ist abhängig von der Chlorkonzentration des Elektrolyten, die mit der Stromdichte stark ansteigt, so daß dann auch die Abweichungen vom normalen Verlauf der Stromdichtepotentialkurven (Abb. 16) um so mehr in Erscheinung treten. Da Chlor das Normalpotential $+1{,}36$ Volt besitzt, so werden

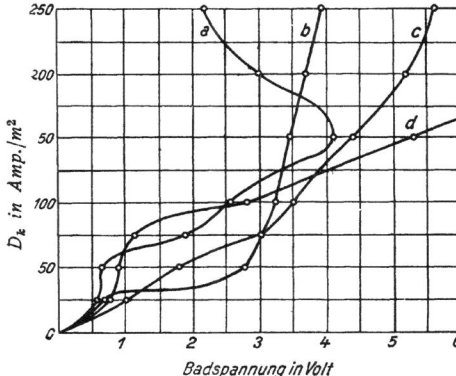

Abb. 15. Stromdichtespannungskurven von Ag in Silberchlorid-Kochsalzlösung und in Silberchlorid-Salzsäurelösung.
$a =$ AgCl in 3-n-HCl bei $45°$—$48°$.
$b =$ AgCl in 3-n-HCl bei $18{,}5°$.
$c =$ AgCl in 3-n-NaCl bei $18°$.
$d =$ AgCl in 3-n-NaCl bei $45°$—$47°$.

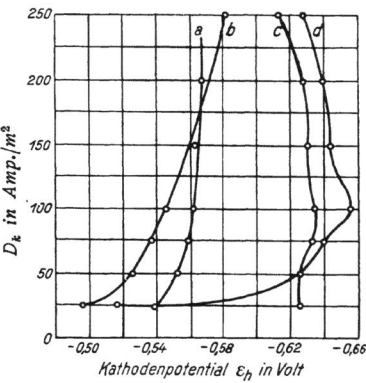

Abb. 16. Kathodische Stromdichtepotentialkurven von Ag in Silberchlorid-Kochsalzlösung und in Silberchlorid-Salzsäurelösung.
$a =$ AgCl in 3-n-NaCl bei $45°$—$47°$.
$b =$ AgCl in 3-n-HCl bei $45°$—$50°$.
$c =$ AgCl in 3-n-NaCl bei $22°$.
$d =$ AgCl in 3-n-HCl bei $18{,}5°$.

die gemessenen Kathodenpotentiale bedeutend edler sein, als sie es in Wirklichkeit für die Abscheidung des Silbers aus den betreffenden Lösungen sein können, d. h. die Polarisation erfährt dadurch eine starke Verminderung. Der Einfluß des Chlors geht teilweise so weit, daß die Kurven der Elektrolysen bei $20°$ ihre Richtung ändern und nach der Seite der edleren Potentiale umbiegen. Bei $45°$ zeigen die Kurven zwar den normalen Verlauf, würden aber wohl, wenn nur die Silberabscheidung für die Potentialbildung maßgebend wäre, viel flacher ansteigen. Dem im Elektrolyten gelösten Chlor muß man daher die Wirkung eines Depolarisators zuschreiben. Die gemessenen Stromdichtepotentialkurven sind daher nicht zu verwechseln mit denen, die bei der Abscheidung von Silber aus Silberchloridlösungen auftreten, sondern gelten allein für die unter den obigen Bedingungen ausgeführten Elektrolysen. Theoretisch bekäme man die wahren Werte, wenn die Kathode ständig von frischem Elektrolyten bespült werden würde, deren Silbergehalt sich natürlich nicht verändern dürfte. Praktisch stehen dem aber große Schwierigkeiten gegenüber.

Für die Gleichgewichtspotentiale wurden folgende Werte ermittelt:

Metall/Lösung	Temperatur	
	20°	45°
Ag/AgCl (gesättigt) in 3-n-NaCl	+ 0,192	+ 0,179
Ag/AgCl (gesättigt) in 3-n-HCl	+ 0,139	+ 0,127

Die Potentiale sind wie bei den anderen Metallen in verdünnter Salzsäure unedler als in Kochsalzlösung. Durch Temperaturzunahme sinkt ebenfalls das Potential, und zwar um 0,013 bzw. 0,012 Volt.

e) Das Verhalten des Arsens.

Vor Beginn der Potentialmessungen wurde zur Orientierung ein Versuch angestellt, kathodisch Arsen aus einer salzsauren Arsenigsäurelösung abzuscheiden.

Versuchsanordnung.

Elektrolysiergefäß: offenes Akkumulatorenglas von etwa 500 ccm Inhalt:
Kathode: Platinblech von der Größe $0,3 \cdot 0,4$ dm $= 0,12$ dm².
Anode: Graphitstab in einem Tondiaphragma.
Elektrolyt: 3,25-n-HCl, 0,33-n-As$_2$O$_3$.
Stromdichte: $D_k = 100$ Amp./m².
Spannung: 2,5 bis 9 Volt bei 7 cm Elektrodenabstand.
Temperatur: 20°.

Beim Einschalten des Stromes schied sich an der Kathode unter lebhafter Entwicklung von Wasserstoff ein blauschwarzer Niederschlag von Arsen ab. Außerdem wurden größere Mengen Arsenwasserstoff gebildet, der nach der Gutzeitschen Arsenprobe nachgewiesen wurde. Ein mit konzentrierter Silbernitratlösung getränkter Filterstreifen wurde durch die Verbindung Ag$_3$As $\cdot$ 3 AgNO$_3$ intensiv gelb gefärbt. An der Anode entwichen größere Mengen Chlor. Nach einer Elektrolysendauer von etwa 15 Minuten zeigte die Lösung eine braune Färbung, die mit der Zeit immer stärker wurde. Die Spannung stieg im Laufe von $1^1/_2$ Stunden von 2,5 Volt auf 9 Volt.

In Anbetracht der an der Kathode stattfindenden Vorgänge wurde auf die Festlegung der Stromdichtepotentialkurven verzichtet. Es wurden daher nur die Gleichgewichtspotentiale ermittelt.

Als Arsenelektrode mußte statt einer gegossenen Platte — Arsen sublimiert bei gewöhnlichem Druck — ein Arsenkristall mit großen Flächen benutzt werden, der zur Stromleitung mit einem dünnen Platindraht fest umwickelt wurde. An seinem Ende stellte eine Klemme den Kontakt mit dem Kupferdraht her. Gemessen wurden die Gleichgewichtspotentiale von Arsen gegen Lösungen folgender Zusammensetzung:

$\left. \begin{array}{l} \text{3-n-NaCl,} \\ \text{0,25-n-HCl} \end{array} \right\}$ oder 3,25-n-HCl.

0,33-n-nAs$_2$O$_3$.

Versuch 17.
Lösung: 3-n-NaCl, 0,25-n-HCl, 0,33-n-As$_2$O$_3$.
Temperatur: 20°.

nach Stunden	Potential E_h in Volt	
0 Min.	+ 0,307	
30 Min.	+ 0,305	
1 Std. 00 Min.	+ 0,302	kein Rühren der Lösung
1 Std. 30 Min.	+ 0,301	
1 Std. 50 Min.	+ 0,300	
2 Std. 20 Min.	+ 0,300	

Versuch 18.
Die Lösung ist dieselbe wie bei Versuch 17. Temperatur ist aber 45°.

nach Stunden	Potential E_h in Volt	
0 Min.	+ 0,271	
30 Min.	+ 0,273	
1 Std. 10 Min.	+ 0,274	kein Rühren der Lösung
1 Std. 50 Min.	+ 0,275	
2 Std. 10 Min.	+ 0,275	
2 Std. 30 Min.	+ 0,275	

Versuch 19.
Lösung: 3,25-n-HCl, 0,33-n-As$_2$O$_3$.
Temperatur: 20°.

nach Stunden	Potential E_h in Volt	
0 Min.	+ 0,314	
10 Min.	+ 0,307	
50 Min.	+ 0,305	kein Rühren der Lösung
1 Std. 20 Min.	+ 0,305	
1 Std. 50 Min.	+ 0,305	

Versuch 20.
Die Lösung blieb dieselbe wie bei Versuch 19. Temperatur etwa 45°.

nach Stunden	Potential E_h in Volt	Temperatur	
00 Min.	+ 0,286	45°	
1 Std. 00 Min.	+ 0,283	44°	kein Rühren der Lösung
1 Std. 30 Min.	+ 0,283	46°	
2 Std. 30 Min.	+ 0,283	45°	

Für die Gleichwertigkeitspotentiale des Arsens ergaben sich daher folgende Werte:

Metall/Lösung	Temperatur	
	20°	45°
As/0,33-n-As$_2$O$_3$ in 3-n-NaCl	+ 0,3 Volt	+ 0,275 Volt
As/0,33-n-As$_2$O$_3$ in 3-n-HCl	+ 0,305 Volt	+ 0,283 Volt

Ergebnisse der Potentialbestimmungen.

Wie die Messungen zeigen, ist die Potentiallage der einzelnen Metalle in Chloridlösung völlig verschieden von der in Sulfat- oder Nitratlösung. Ausschlaggebend ist wohl allein die Bildung von Komplexsalzen der Schwermetallchloride mit Salzsäure und Kochsalz. Da in diesen Lösungen die Metallionenkonzentrationen sehr gering sind, so liegen die Potentiale auch erheblich niedriger als in Lösungen der Sulfate und Nitrate. Nur die Potentiale derjenigen Metalle, welche in den angewandten Chloridlösungen als einfache Salze vorkommen, stimmen mit den bekannten Normalpotentialen überein. Dieses Verhalten zeigt von den untersuchten Metallen allein Antimon und Arsen. Da die Messungen in 0,33fach normalen Lösungen von Antimonchlorid und Arsenigsäure ausgeführt wurden, so müssen die Normalpotentiale dieser Metalle nach der Nernstschen Formel nur um 6 Millivolt edler sein. Die folgenden Werte gelten bei 20°.

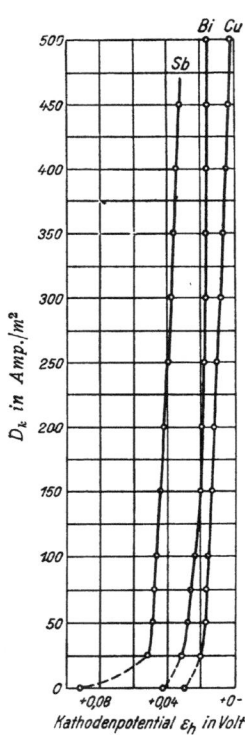

Abb. 17. Kathodische Stromdichtepotentialkurven von Sb, Bi und Cu in Salzsäure bei 45°.

Metall/Lösung	Normalpotential gefunden		Normalpotential[1] bekannt
	in 3-n-NaCl	in 3-n-HCl	
Sb/Sb$\cdots$	+ 0,137 Volt	+ 0,107 Volt	+ 0,1 Volt
As/As$\cdots$	+ 0,306 Volt	+ 0,311 Volt	+ 0,3 Volt

Die Werte stimmen also sehr gut miteinander überein. Bei 20° wurden für Kupfer, Wismut und Silber die in der folgenden Tabelle zusammengestellten Werte ermittelt:

Metall/Lösung	Potential gefunden		Normalpotential
	in 3-n-NaCl	in 3-n-HCl	
Cu/0,33-n-CuCl	+ 0,09 Volt	+ 0,037 Volt	Cu/Cu$\cdot$ + 0,52 Volt
			Cu/Cu$\cdot\cdot$ + 0,34 Volt
Bi/0,33-n-BiCl$_3$	+ 0,078 Volt	+ 0,039 Volt	Bi/Bi$\cdots$ + 0,2 Volt
Ag/AgCl (gesättigt)	+ 0,192 Volt	+ 0,139 Volt	Ag/Ag$\cdot$ + 0,8 Volt

Da die Potentiale von Wismut, Antimon, Silber und Arsen gleich oder positiver als das des Kupfers sind, so ist es erklärlich, daß diese Metalle neben Kupfer an der Kathode abgeschieden bzw. auszementiert werden. Abb. 17 zeigt, wie dicht nebeneinander die Stromdichtepotentialkurven von Kupfer, Wismut und Antimon liegen.

Auffallenderweise liegen die Potentiale, die während der Elektrolyse in kochsalzhaltiger Lösung mit der Stromdichte $D_k = 100$ Amp./m² bei 20° für Kupfer, Wismut und Antimon gemessen wurden derart, daß in diesem Falle das Kupfer edler ist als die beiden anderen Metalle.

Potential von	in 3-n-NaCl		in 3-n-HCl	
	20°	45°	20°	45°
Cu	+ 0,069 Volt	+ 0,064 Volt	+ 0,014 Volt	+ 0,016 Volt
Bi	+ 0,061 Volt	+ 0,065 Volt	+ 0,016 Volt	+ 0,024 Volt
Sb	+ 0,054 Volt	+ 0,075 Volt	+ 0,021 Volt	+ 0,048 Volt

---

[1] Abegg, Auerbach, Luther: Messung elektromotorischer Kräfte.

VI. Die Abhängigkeit der Badspannung von der Stromdichte und Temperatur.

Die bei den Elektrolysen von Kupfer, Wismut, Antimon und Silber gemessenen Werte für die Badspannungen sind in der folgenden Tabelle übersichtlich zusammengestellt. Und zwar gelten die Zahlen für die Stromdichte $D_k = 100$ Amp./m².

Elektrolyse von		Elektrodenabstand in cm	Badtemperatur	Badspannung in Volt
Cu	in 3-n-NaCl	5	19°	0,24
		5	46,5°	0,16
	in 3-n-HCl	5	22°	0,1
		5	46°	0,07
Bi	in 3-n-NaCl	6,5	20,5°	0,23
		6,5	45°	0,15
	in 3-n-HCl	6,5	21°	0,11
		6,5	47°	0,07
Sb	in 3-n-NaCl	5	20°	0,29
		5	45,5°	0,2
	in 3-n-HCl	5	20°	0,22
		5	47°	0,14
Ag	in 3-n-NaCl	5	18°	3,45
		5	46°	2,81
	in 3-n-HCl	5	18,5°	3,25
		5	47,5°	2,52—2,6

Wie ersichtlich ist, sind die Spannungen bei den Elektrolysen des Kupfers, Wismuts und Antimons einander ungefähr gleich. Infolge der besseren Leitfähigkeit

Die Kupferelektrolyse in verschiedenen Lösungen.

| Lösung | Temperatur | Spannung in Volt bei Stromdichte D_k in Amp./m² | | | | Gelatinegehalt in % |
		50	100	250	400	
NaCl	20°	0,13	0,24	0,61	1,03	—
	45°	0,08	0,16	0,34	0,63	—
	90°	—	0,07	—	—	—
KCl	20°	—	0,13	—	—	—
	45°	—	0,1	—	—	—
NH$_4$Cl	20°	—	0,16	—	—	—
	45°	—	0,1	—	—	—
CaCl$_2$	20°	—	0,26	—	—	—
	45°	0,1	0,17	0,45—0,6	0,7	—
BaCl$_2$	20°	—	0,22	—	—	—
	45°	—	0,17	—	—	—
MgCl$_2$	20°	—	0,47	—	—	—
	45°	—	0,13—0,16	—	—	—
3-n-HCl	20°	—	0,1	—	—	—
	45°	—	0,07	—	—	—
6-n-HCl	20°	—	0,1	—	—	—
	45°	—	0,06	—	—	—
3-n-NaCl	20°	—	0,28	—	—	0,12
	22°	—	0,28	—	—	0,24
	45°	—	0,17	—	—	0,15
3-n-HCl	23°	—	0,14	—	—	0,15

der Salzsäure gegenüber einer gleich starken Kochsalzlösung sind die Spannungen bei der Elektrolyse in salzsauren Elektrolyten fast um die Hälfte niedriger. Bei größeren Anlagen bedeutet das immerhin eine gewaltige Energieersparnis. Die hohe Spannung bei der Silberelektrolyse wurde hervorgerufen durch die auf der Anode gebildete Silberchloridschicht. Interessant dürfte eine Übersicht sein, welche für die Kupferelektrolyse die Abhängigkeit der Badspannung von dem im Elektrolyten gelösten Chlorid wiedergibt. Danach ist die Spannung in Lösungen von Kochsalz, Calciumchlorid und Bariumchlorid ungefähr $2^1/_2$ mal so groß als in salzsauren Elektrolyten. In Magnesiumchloridlösung ist sie etwa 4 mal, in Kalium- und Ammoniumchloridlösungen nur $1^1/_2$ mal so hoch als in Salzsäure. Wegen Ersparnis an elektrischer Energie wird man daher im Großbetriebe die Elektrolyse in salzsauren Elektrolyten vorziehen, soweit nicht andere Gesichtspunkte in Betracht gezogen werden müssen. Ein Zusatz von Gelatine zum Elektrolyten verursacht eine geringe Erhöhung der Spannung.

Für die Feststellung, ob eine Elektrolyse bei höherer Stromdichte störungsfrei verläuft, ist es von Vorteil, die Stromdichtespannungskurve zu kennen. Während bei den Elektrolysen von Wismut und Antimon die Kurven gradlinig ansteigen, weisen sie wegen ihrer vielen Biegungen bei der Silberelektrolyse auf erhebliche Hemmungen hin. Während der Kupferelektrolyse tritt nur bei denjenigen Stromdichten eine erhöhte Steigerung der Spannung ein, in deren Bereich die Schicht auf der Anode beständig ist.

An der Hand der Stromdichtespannungskurve hat man jedenfalls ein Mittel, jegliche Abweichung vom normalen Verlauf der Elektrolyse sofort festzustellen.

Zusammenfassung.

Durch die zahlreichen Versuche wurde festgestellt, daß die Kupferelektrolyse in kupferchlorürhaltigem Elektrolyten sich sehr wesentlich von der in Kupfersulfatlösung unterscheidet. Die einzelnen Ergebnisse seien kurz angegeben:

1. Der Cuprogehalt des Elektrolyten wurde nach einer neu ausgearbeiteten Titrationsmethode mittels Kaliumbromat bestimmt.

2. Die Kupferelektrolyse verlief ohne Störung, wenn die Kupferchlorürlösung vor Einwirkung der Luft geschützt wurde.

3. Die Löslichkeit von Kupferchlorür wurde in dreifach normalen Alkali- bzw. Erdalkalichloridlösungen ermittelt. Es zeigte sich, daß Kalium- und Ammoniumchlorid die Löslichkeit am stärksten erhöhen.

4. An der Kathode wurde das Kupfer aus Elektrolyten, die sich nur in der Art des zugesetzten Chlorids unterscheiden, stets knospig niedergeschlagen. Kristallform und Farbe des Kupfers waren abhängig von der Badtemperatur. Stromdichte und Elektrolytbewegung beeinflußten stark die Abscheidung. Durch Zusatz von Gelatine zum Elektrolyten wurde der Niederschlag glatter.

5. Eine Kupferraffination war ohne weiteres nicht möglich, da die im Rohkupfer als Verunreinigungen auftretenden Metalle ein ganz anderes kathodisches Verhalten als bei der Elektrolyse in Kupfersulfatlösung zeigten. Die Erklärung brachten Messungen von Gleichgewichtspotentialen und Stromdichtepotentialkurven.

6. Während der Kupferelektrolyse bedeckte sich die Anode mit einer braunen Schicht, die verschwand, sobald im Elektrolyten Cupriionen entstanden.

7. Elektrolysen von Wismut und Antimon verliefen in Chloridlösung ohne Störungen.

8. Eine Silberelektrolyse war in kochsalz- bzw. salzsäurehaltigen Elektrolyten, die an Silberchlorid gesättigt waren, völlig undurchführbar.

9. Durch Verwendung einer salzsauren Kupferchlorürlösung trat eine erhebliche Verminderung der Badspannung ein.

Die vorliegende Arbeit wurde im Versuchslaboratorium der Abteilung für Elektrochemie der Siemens & Halske A.-G. zu Siemensstadt ausgeführt.

Herrn Direktor Prof. V. Engelhardt bin ich für die Anregung zu dieser Arbeit und seine freundliche Unterstützung zu größtem Danke verpflichtet. An dieser Stelle möchte ich auch den Herren Dr. Hosenfeld und Dr. Illig für die weitgehende Förderung, die sie meiner Arbeit haben angedeihen lassen, meinen verbindlichsten Dank aussprechen.

MIX
Papier aus verantwortungsvollen Quellen
Paper from responsible sources
FSC® C105338

If you have any concerns about our products,
you can contact us on
ProductSafety@springernature.com

In case Publisher is established outside the EU,
the EU authorized representative is:
**Springer Nature Customer Service Center GmbH
Europaplatz 3, 69115 Heidelberg, Germany**

Printed by Libri Plureos GmbH
in Hamburg, Germany